UG NX 12.0 中文版标准实例教程

胡仁喜　刘昌丽　等编著

机械工业出版社

本书共 10 章，内容包括 UG NX 12.0 的简介、建模基础、曲线功能、草图设计、表达式、建模特征、编辑特征、曲面功能、装配建模和工程图等知识。在内容的设计上，注意由浅入深，从易到难，各章节既相对独立又前后关联；同时，编者根据自己多年的经验及时给出总结和相关提示，帮助读者及时快捷地掌握所学知识。

本书内容详实、图文并茂、语言简洁、思路清晰，可作为初学者的入门教材，也可供相关工程技术人员学习参考。

图书在版编目（CIP）数据

UG NX 12.0中文版标准实例教程/胡仁喜等编著．—3版．
—北京：机械工业出版社，2019.8
ISBN 978-7-111-63271-9

Ⅰ.①U⋯　Ⅱ.①胡⋯　Ⅲ.①计算机辅助设计-应用软件-教材　Ⅳ.①TP391.72

中国版本图书馆CIP数据核字（2019）第150291号

机械工业出版社（北京市百万庄大街22号　邮政编码 100037）
策划编辑：曲彩云　责任编辑：曲彩云　李含阳
责任校对：梁　倩　封面设计：卢思梦
责任印制：邵　敏
北京中兴印刷有限公司印刷
2019年9月第3版第1次印刷
184mm×260mm · 18.5印张 · 456千字
标准书号：ISBN 978-7-111-63271-9
定价：69.00元

电话服务　　　　　　　　　　　网络服务
客服电话：010-88361066　　机　工　官　网：www.cmpbook.com
　　　　　010-88379833　　机　工　官　博：weibo.com/cmp1952
　　　　　010-68326294　　金　书　网：www.golden-book.com
封底无防伪标均为盗版　机工教育服务网：www.cmpedu.com

前　言

　　Unigraphics（简称 UG）是美国 EDS 公司出品的一套集 CAD/CAM/CAE 于一体的软件系统。它的功能覆盖了从概念设计到产品生产的整个过程，并且广泛地运用于汽车、航天、模具加工及设计和医疗器械等方面。它提供了强大的实体建模技术和高效能的曲面建构能力，能够完成极为复杂的造型设计。除此之外，装配功能、2D 出图功能、模具加工功能及与 PDM 之间的紧密结合，使得 UG 在工业界成为一套非常优秀的高级 CAD/CAM 系统。

　　UG 自从 1990 年进入我国以来，以其强大的功能和工程背景，已经在我国的许多领域得到了广泛的应用。尤其是 UG 软件 PC 版本的推出，为 UG 在我国的普及起到了很好的推动作用。

　　本书从内容的策划到实例的讲解全部是由专业人士根据他们多年的工作经验以及自己的心得进行编写的。本书将理论与实践相结合，具有很强的针对性。读者在学习本书之后，可以很快地学以致用，提高自己的工程设计能力，使自己在工程设计中立于不败之地。

　　本书由《UG NX 8.0 中文版标准实例教程》经过修订改编而成。原书在使用的过程中，受到了广大师生的好评，同时大家也提出了很多中肯的修改意见。在这次修订过程中，编者注意按读者的反馈进行了必要的改进和增补，使本书更加完善。本书共 10 章，内容包括 UG NX 12.0 的简介、建模基础、曲线功能、草图设计、表达式、建模特征、编辑特征、曲面功能、装配建模和工程图等知识。在内容的设计上，注意由浅入深，从易到难，各章节既相对独立又前后关联。本书内容详实、图文并茂、语言简洁、思路清晰，可作为初学者的入门教材，也可供相关工程技术人员学习参考。

　　为了满足读者尽快掌握 UG NX 12.0 相关操作技能的需要，随书配赠电子资料包，包含本书所有实例操作过程 AVI 文件和实例源文件，并且包含专为老师教学准备的 PowerPoint 多媒体电子教案。读者也可以登录百度网盘（地址：https://pan.baidu.com/s/1jJYLT4M，密码：jrwt 或 https://pan.baidu.com/s/1kXaLJbp，密码：8mob）进行电子资料包的下载。读者如果没有百度网盘，需要先注册一个才能下载。

　　本书由胡仁喜和刘昌丽主要编写，其中胡仁喜执笔编写了第 1～8 章，刘昌丽执笔编写了第 9~10 章。孟培、闫聪聪、卢园、杨雪静、张俊生、周冰、李瑞、康士廷、王敏、王玮、王玉秋、王义发、王培合、路纯红、王艳池等参与了部分章节的编写工作。

　　由于时间仓促，编者水平有限，疏漏之处在所难免，希望广大读者登录网站 www.sjzswsw.com 或联系 win760520@126.com，提出宝贵的批评意见。也可以加入 QQ 群（811016724）参与交流讨论。

编　者

目 录

第 1 章   UG NX 12.0 简介

☞ 本章导读

UG（unigraphics）是 Unigraphics Solutions 公司推出的集 CAD/CAM/CAE 为一体的三维机械设计平台，也是当今世界广泛应用的计算机辅助设计、分析和制造软件之一，广泛应用于汽车、航空航天、机械、消费产品、医疗器械及造船等行业，它为制造行业产品开发的全过程提供解决方案，功能包括概念设计、工程设计、性能分析和制造。本章主要介绍 UG 的发展历程及 UG 软件界面的工作环境，简单介绍如何自定义功能区，最后介绍 UG 产品流程及个性设计。

✋ 内容要点

- ♣ 产品综述   ♣ 工作环境   ♣ 功能区的定制
- ♣ 入门实例

1.1 产 品 综 述

UG 采用基于约束的特征建模和传统的几何建模为一体的复合建模技术。在曲面造型、数控加工方面是强项，在分析方面较为薄弱，但 UG 提供了分析软件 NASTRAN、ANSYS、PATRAN 接口，机构动力学软件 IDAMS 接口，注塑模分析软件 MOLDFLOW 接口等。

UG 具有以下优势：

1）UG 可以为机械设计、模具设计以及电气设计单位提供一套完整的设计、分析和制造方案。

2）UG 是一个完全的参数化软件，为零部件的系列化建模、装配和分析提供强大的基础支持。

3）UG 可以管理 CAD 数据以及整个产品开发周期中所有相关数据，实现逆向工程（reverse design）和并行工程（concurrent engineer）等先进设计方法。

4）UG 可以完成包括自由曲面在内的复杂模型的创建，同时在图形显示方面运用了区域化管理方式，节约系统资源。

5）UG 具有强大的装配功能，并在装配模块中采用了引用集的设计思想。为节省计算机资源提出了行之有效的解决方案，可以极大地提高设计效率。

随着 UG 版本的提高，软件的功能越来越强大，复杂程度也越来越高。对于汽车设计者来说，UG 是使用最广泛的设计软件之一。目前国内的大部分院校、研发部门都在使用该软件。上海汽车工业（集团）总公司、上海大众汽车有限公司、上海通用汽车有限公司、泛亚汽车技术中心有限公司及同济大学等都在教学和研究中使用 UG 作为工作软件。

1.2　工作环境

本节介绍 UG 的主要工作界面及各部分功能，了解各部分的位置和功能之后才可以有效进行设计。UG NX 12.0 的工作窗口如图 1-1 所示。

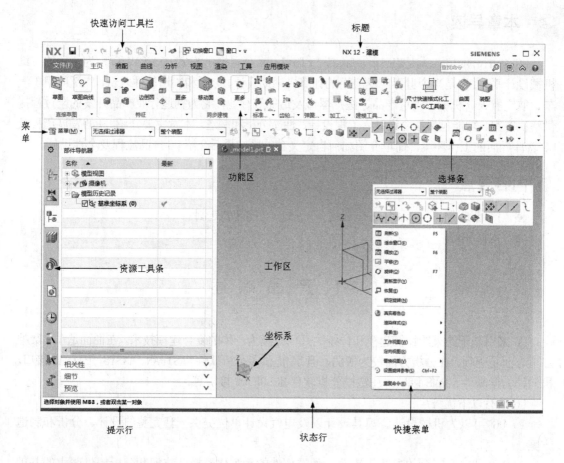

图 1-1　UG NX 12.0 的工作窗口

1. 标题

用于显示软件版本以及当前的模块和文件名等信息。

2. 菜单

菜单包含了本软件的主要功能，系统的所有命令或设置选项都归属到不同的菜单下，它们分别是文件、编辑、视图、插入、格式、工具、装配、信息、分析、首选项、应用模块、窗口、GC 工具箱和帮助。当单击【菜单】时，在其子菜单中就会显示所有与该功能有关的命令选项。图 1-2 所示为【工具】子菜单，它有如下特点。

1）快捷字母：例如，文件中的是系统默认快捷字母命令键，按下<Alt+F>即可调用该命令选项。又如，要执行【菜单】→【文件】→【打开】命令，按下<Alt+F>后再按 O 键，即可调出该命令。

2）功能命令：是实现软件各个功能所要执行的各个命令，单击它会弹出相应功能。

3）提示箭头：指菜单命令中右侧的三角箭头，表示该命令含有子菜单。

4）快捷键：命令右侧的按钮组合键即是该命令的快捷键，在工作过程中直接按下该组合键，即可自动执行该命令。

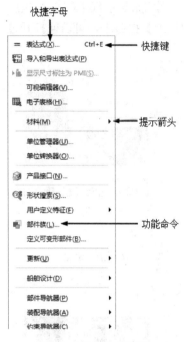

图 1-2　【工具】子菜单

3. 功能区

功能区的命令以图形的方式在各个组和库中表示命令功能，以【曲线】功能区为例，如图 1-3 所示，所有有关曲线的图形命令都集中于此，这样可以使用户避免在菜单中查找命令的烦琐，方便操作。

图 1-3　【曲线】功能区中的各个组和库

4. 工作区

工作区是绘图的主区域。

5. 坐标系

UG 中的坐标系分为工作坐标系（WCS）和绝对坐标系（ACS），其中工作坐标系是用户在建模时直接应用的坐标系。

6. 快捷菜单

在工作区中右击即可打开快捷菜单，其中含有一些常用命令及视图控制命令，以方便绘图工作。

7. 资源工具条

资源工具条如图 1-4 所示。单击某个导航器按钮或 Web 浏览器按钮会弹出一页面显示窗口，当单击按钮□时可以切换页面的最大化和最小化（见图 1-5）。

单击【Web 浏览器】按钮，用它来显示 UG NX 12.0 的在线帮助、CAST、e-vis、iMan 或其他任何网站和网页。单击【历史记录】按钮，可访问打开过的零件列表，可以预览零件及其他相关信息，如图 1-6 所示。

图 1-4　资源工具条　　　　　图 1-5　固定窗口　　　　　图 1-6　历史信息

8. 提示行

提示行用于提示用户如何操作。执行每个命令时，系统都会在提示栏中显示用户必须执行的下一步操作。对于用户不熟悉的命令，利用提示栏帮助，一般都可以顺利完成操作。

9. 状态行

状态行主要用于显示系统或图元的状态，如显示是否选择图元等信息。

1.3　功能区的定制

UG 中提供的功能区可以为用户工作提供方便。进入某个应用模块后，UG 只显示默认的功能区图标设置，这时用户可以根据自己的习惯定制独特风格的功能区，本节将介绍功能区的设置。

执行【菜单】→【工具】→【定制】命令（见图 1-7），或者在功能区空白处的任意位置右击，从弹出的快捷菜单（见图 1-8）中选择【定制】选项，即可弹出【定制】对话框，如图

1-9 所示。该对话框中有 4 个选项卡，即命令、选项卡/条、快捷方式、图标/工具提示。选择相应的选项卡，对话框会随之显示对应的选项卡。例如，选择【选项卡/条】，即可进行【选项卡/条】的定制，完成后执行对话框下方的【关闭】命令，即可退出对话框。

　　图 1-7　执行【菜单】→【工具】→【定制】命令　　　　　图 1-8　功能区空白处的快捷菜单

1. 选项卡/条

此选项卡列出了 UG NX 12.0 工作窗口中的所有选项卡和条。要显示或隐藏选项卡或条，可以在列表框中勾选或清除其名称前的复选框，也可以利用【重置】命令来恢复软件默认的功能区选项卡设置，如图 1-9 所示。

2. 命令

该选项卡用于显示或隐藏选项卡中的某些图标命令，如图 1-10 所示。具体操作为：在【类别】栏的菜单中找到需添加的命令，然后将该命令拖至工作窗口的相应功能区的组中即可。对于功能区中不需要的命令图标直接拖出，然后释放鼠标即可。命令图标用同样方法也可以拖动到【菜单】的下拉菜单中。

3. 快捷方式

该选项卡用于在图形窗口或导航器中选择对象以定制其快捷工具条或圆盘工具条。

图1-9 【定制】对话框　　　　　　　　　　　　图1-10 【命令】选项卡

4. 图标/工具提示

该选项卡用于定制菜单、图标大小及工具提示的显示方式。

1.4　入　门　实　例

本节中主要通过一个简单实例，讲述 UG 建模过程中从草图绘制、实体成型、装配建模到工程图创建的具体操作。需要创建的螺母和基本装配零件如图 1-11 所示。

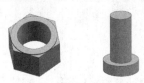

图1-11　螺母和基本装配零件

1.4.1　草图绘制

1）启动 UG NX 12.0，单击新建按钮 ，即新建一个 .prt 文件，输入新建文件名 11，如图 1-12 所示。选择【模型】模板，采用毫米单位，单击【确定】按钮，进入建模环境。

2）执行【菜单】→【插入】→【草图】命令，或单击【草图】按钮 。弹出"创建草图"对话框，如图 1-13 所示。选择默认平面，进入草图绘制环境。

3）利用【直线】 命令在草图平面上绘制直线，只需绘制出大致形状即可；然后利用【快速尺寸】 来进行尺寸约束，利用【约束】 来进行几何约束，使得正六边形关于水平轴对称，边长为 24，如图 1-14 所示。

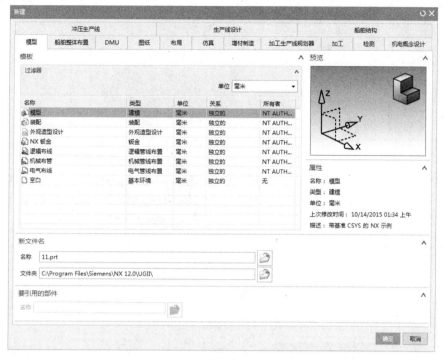

图 1-12　【新建】对话框

图 1-13　【创建草图】对话框

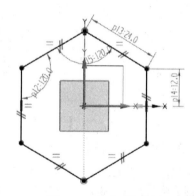

图 1-14　完成后的草图

1.4.2　实体成型

1）执行【菜单】→【插入】→【设计特征】→【拉伸】命令，拉伸成形实体。拉伸【距离】为 25，如图 1-15 所示。单击【确定】按钮，即可完成拉伸操作。

2）执行【菜单】→【插入】→【设计特征】→【拉伸】命令，弹出【拉伸】对话框。单击【绘制截面】按钮 🔲，弹出【创建草图】对话框。【平面方法】选择【自动判断】，选择实体上表面，如图 1-16 所示。单击【确定】按钮，进入草图绘制环境。

3）选择【圆】○创建模式，输入圆心坐标"0, 0"，捕捉正六边形的一边，即可创建内切于正六边形的内切圆，如图 1-17 所示。

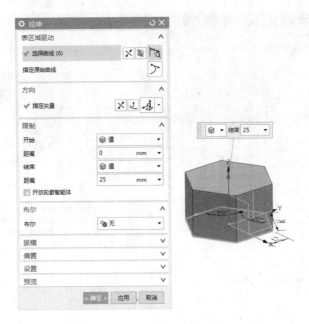

图1-15 拉伸成形实体

图1-16 【创建草图】对话框

图1-17 创建内切圆

4）单击【完成】按钮⬚，拉伸该内切圆，长度为1，如图1-18所示。

5）选择【主页】→【特征】→孔选项⬚，弹出【孔】对话框。单击【绘制截面】按钮⬚，弹出【创建草图】对话框。选择螺母顶面作为孔的放置平面，如图1-19所示。单击【确定】按钮，弹出【草图点】对话框，如图1-20所示。单击【点】按钮⬚，弹出【点】对话框。设置圆心点坐标为（0,0,0），单击【关闭】按钮，返回【孔】对话框。设置孔的尺寸，如图1-21所示。单击【确定】按钮，完成孔的创建，创建孔后的实体如图1-22所示。

图1-18 拉伸内切圆

图1-19 选择孔的创建面

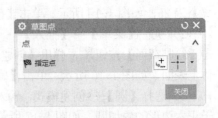

图1-20 【草图点】对话框

图 1-21　设置孔的尺寸　　　　　　　　　　　　图 1-22　创建孔后的实体

6）新建一个.prt 文件，命名为 22，进入建模环境后，执行【菜单】→【插入】→【设计特征】→【圆柱】命令，创建两圆柱，并且将两圆柱进行【合并】运算。其中，细长圆柱高为 80，直径为 30；另一圆柱高为 15，直径为 50，都以原点为其底面圆心。完成后的基本装配零件如图 1-23 所示。

图 1-23　完成后的基本装配零件

1.4.3 装配建模

1）以下完成两零件的组装操作。在 22.prt 的建模环境下，执行【菜单】→【装配】→【组件】→【添加组件】命令，弹出【添加组件】对话框；选择 11 文件（见图 1-24），在【装配位置】下拉列表中选择【绝对坐标系-工作部件】选项，在【放置】选项组中选择【约束】选项，在【约束类型】选项组中选择【接触对齐】约束类型，在【方位】下拉列表中选择【自动判断中心/轴】，在【组件预览】窗口选择螺母孔的圆柱面，然后选择圆柱的圆柱面，如图 1-25 所示。

2）在【方位】下拉列表中选择【接触】，在【组件预览】窗口中选择螺母的顶面，然后选择圆柱的顶面，如图 1-26 所示。单击【确定】按钮，最终装配图如图 1-27 所示。

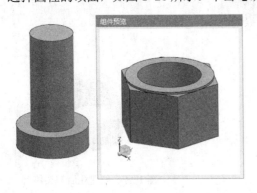

图 1-24　添加装配组件

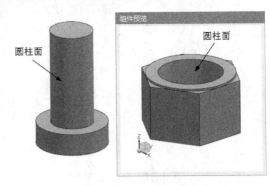

图 1-25　中心对齐约束

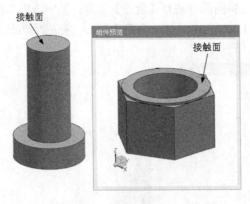

图 1-26　接触约束

图 1-27　最终装配图

1.4.4 工程图

1）完成螺母零件（即 11.prt 零件）的工程图创建。执行【菜单】→【文件】→【新建】命令，输入名称 11-1，选择 A3 图纸，进入工程图环境。

2）选择【主页】→【视图】→【基本视图】选项，或者执行【菜单】→【插入】→【视图】→【基本】命令，弹出【基本视图】对话框，如图 1-28 所示。

3）在图 1-29 中选择所要创建的父视图，选择前视图，然后依次在制图平面创建俯视图、左视图和等轴测视图，完成基本视图创建。

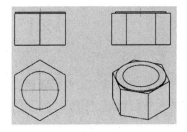

图 1-28　【基本视图】对话框　　　　　　　图 1-29　创建基本视图

1．UG NX 12.0 是一款什么样的软件，它的应用领域和应用背景如何？

2．利用 UG NX 12.0 完成产品设计的一般流程是怎样的？

第 2 章　UG NX 12.0 建模基础

☞ 本章导读

　　本章主要介绍 UG 应用中的一些基本操作及经常使用的工具，从而使用户更加熟练建模环境。对于 UG 所提供的建模工具的整体了解是必不可少的，只有了解全局，才能知道对同一模型可以有多种建模和修改的思路，才能对更为复杂的或特殊的模型的建立游刃有余。

✍ 内容要点

- ♣ 文件操作　　♣ 对象操作　　♣ 坐标系操作　　♣ 视图与布局
- ♣ 图层操作　　♣ 常用工具

2.1　文 件 操 作

　　本节将介绍文件的操作，包括新建文件、打开和关闭文件、保存文件、导入导出文件操作设置等，这些操作可以通过图 2-1 所示的【菜单】→【文件】中的各种命令来完成。

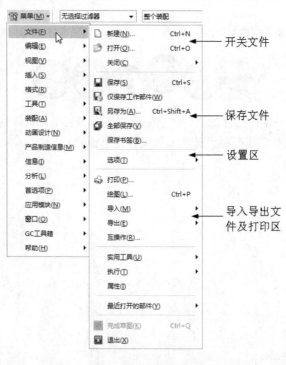

图 2-1　【文件】子菜单

2.1.1　新建文件

本节将介绍如何新建一个 UG 的 .prt 文件，执行【菜单】→【文件】→【新建】命令，或者选择【主页】→【标准】→【新建】选项，或者按<Ctrl+N>组合键，都可以打开如图 2-2 所示【新建】对话框。

在对话框中首先选择要创建的文件类型，然后选择模板，在【名称】文本框中输入文件名，接着在【文件夹】中输入保存路径，设置完后单击【确定】按钮即可。

图 2-2　【新建】对话框

 提示

UG 不支持中文路径以及中文文件名，因此需要代以英文字母！否则会被认为文件名无效。另外，文件在移动或复制时也要注意路径中不要有中文字符，否则系统会认为是无效文件。这一点，直到 UG NX 12.0 依旧没有改变。

2.1.2　打开和关闭文件

执行【菜单】→【文件】→【打开】命令，或者选择【主页】→【标准】→【打开】选项，或者按下<Ctrl+O>组合键，系统就会弹出如图 2-3 所示的【打开】对话框。对话框中会列出当前目录下的所有有效文件以供选择，这里所说的有效文件是根据用户在【文件类型】中的设置来决定的。其中【仅加载结构】选项指若勾选此复选框，则当打开一个装配零件时，不用调用其中的组件。

另外，选择【文件】菜单中的【最近打开的部件】选项，可以有选择性地打开最近打开过的文件。

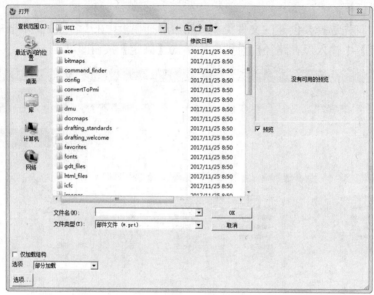

图 2-3　【打开】对话框

当需要关闭文件时，执行【菜单】→【文件】→【关闭】命令，在【关闭】子菜单中执行相应的命令即可，如图 2-4 所示。

以下对【关闭】子菜单中的【选定的部件（P）】命令做一介绍。

执行该命令后，弹出如图 2-5 所示的【关闭部件】对话框。用户选择要关闭的文件，然后单击【确定】按钮即可。该对话框中部分选项的功能如下所述。

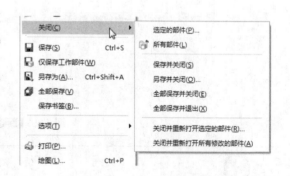

图 2-4　【关闭】子菜单

1）【顶层装配部件】：用于在文件列表中只列出顶层装配文件，而不列出装配中包含的组件。

2）【会话中的所有部件】：用于在文件列表中列出当前进程中所有载入的文件。

3）【仅部件】：用于仅关闭所选择的文件。

4）【部件和组件】：如果所选择的文件是装配文件，则会一同关闭所有属于该装配文件的组件文件。

5）【关闭所有打开的部件】：可以关闭所有文件，但系统会出现【关闭所有文件】提示框，如图 2-6 所示。提示用户已有部分文件做了修改，给出选项让用户进一步确定。

其他的命令与之相似，只是关闭之前再保存一下，此处不再详述。

图 2-5 【关闭部件】对话框

图 2-6 【关闭所有文件】提示框

2.1.3　导入和导出文件

1. 导入文件（Import）

执行【文件】→【导入】命令，系统弹出如图 2-7 所示的【导入】子菜单。它提供了 UG 与其他应用程序文件格式的接口，其中常用的有【部件】、CGM、IGES、AutoCAD　DXF/DWG 等格式文件。以下对部分格式文件的功能做一介绍。

1)【部件】：UG 系统提供的将已存在的零件文件导入到目前打开的零件文件或新文件中。此外，还可以导入 CAM 对象，如图 2-8 所示。其中各选项的功能如下所述。

➢　【比例】：该选项中的文本框用于设置导入零件的大小比例。如果导入的零件含有自由曲面时，系统将限制比例值为 1。

➢　【创建命名的组】：选择该选项后，系统会将导入的零件中的所有对象建立群组，该群组的名称即是该零件文件的原始名称，并且该零件文件的属性将转换为导入的所有对象的属性。

➢　【导入视图和摄像机】：勾选该复选框后，导入的零件中若包含用户自定义的布局和查看方式，系统会将其相关参数和对象一同导入。

➢　【导入 CAM 对象】：勾选该复选框后，若零件中含有 CAM 对象，则将一同导入。

➢　【工作的】：选择该选项后，导入零件的所有对象将属于当前的工作图层。

➢　【原始的】：选择该选项后，导入的所有对象还是属于原来的图层。

➢　【WCS】：选择该选项，在导入对象时以工作坐标系为定位基准。

图2-7 【导入】子菜单　　　　　　　　图2-8 【导入部件】对话框

➢ 　【指定】：选择该选项后，系统将在导入对象后显示坐标子菜单。若采用用户自定义
　　的定位基准，定义之后，系统将以该坐标系作为导入对象的定位基准。

2）Parasolid：执行该命令后，系统会弹出对话框，导入（*.x_t）格式文件。允许用户
导入含有适当文字格式文件的实体（parasolid），该文字格式文件含有可用说明该实体的数据。
导入的实体密度保持不变，表面属性（颜色、反射参数等）除透明度外，保持不变。

3）CGM：执行该命令，可以导入 CGM（computer graphic metafile）文件，即标准的 ANSI
格式的计算机图形中继文件。

4）IGES：执行该命令，可以导入 IGES 格式文件。IGES（initial graphics exchange
specification）是可在一般 CAD/CAM 应用软件间转换的常用格式，可供各 CAD/CAM 相关应用程
序转换点、线、曲面等对象。

5）AutoCAD DFX//DWG：执行该命令，可以导入 DFX/DWG 格式文件，可将其他 CAD/CAM 相关
应用程序导出的 DFX/DWG 文件导入到 UG 中，操作与 IGES 相同。

2. 导出文件（Export）

执行【文件】→【导出】命令，可以将 UG 文件导出为除自身外的多种文件格式，包括图
片、数据文件和其他各种应用程序文件格式。

2.1.4　文件操作参数设置

1. 载入选项

执行【菜单】→【文件】→【选项】→【装配加载选项】命令，系统会弹出如图 2-9 所示

的【装配加载选项】对话框。以下对其主要选项的功能进行说明。

1）【加载】：用于设置载入的方式，其下拉列表中有 3 个选项。

➢ 【按照保存的】：用于指定载入的零件目录与保存零件的目录相同。

➢ 【从文件夹】：指定载入零件的文件夹与主要组件相同。

➢ 【从搜索文件夹】：加载在搜索目录层次结构列表中找到的第一个组件。

2）【范围】选项组中的【加载】：用于设置零件的载入方式，该选项的下拉列表中有 5 个选项。

3）【选项】：选择【完全加载】时，系统会将所有组件一并载入；选择【部分加载】时，系统仅允许用户打开部分组件文件。

图 2-9　【装配加载选项】对话框

4）【失败时取消加载】：勾选该复选框，当组件文件载入零件时，即使该零件不属于该组件文件，系统也允许用户打开该零件。

5）【允许替换】：用于控制当系统载入发生错误时，是否中止载入文件。

2. 保存选项

执行【文件】→【保存】命令，将弹出如图 2-10 所示的【保存选项】对话框。利用该对话框可以进行相关参数的设置。下面就对话框中部分选项的功能进行介绍。

1）【保存时压缩部件】：勾选该复选框后，保存时系统会自动压缩零件文件，文件经过压缩需要花费较长的时间，所以一般用于大型组件文件或复杂文件。

2）【生成重量数据】：用于更新并保存元件的重量及质量特性，并将其信息与元件一同保存。

3）【保存图样数据】：当保存零件文件时，该选项组用于设置是否保存图样数据。

图 2-10　【保存选项】对话框

➢ 【否】：表示不保存。

➢ 【仅图样数据】：表示仅保存图样数据而不保存着色数据。

➢ 【图样和着色数据】：表示全部保存。

2.2　对象操作

UG 建模过程中的点、线、面、图层和实体等被称为对象，三维实体的创建、编辑操作过程实质上也可以看作是对对象的操作过程。

2.2.1　观察对象

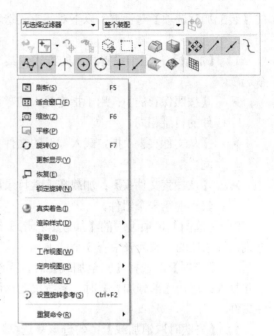

图 2-11　快捷菜单

对象的观察一般通过以下几种途径可以实现。

1. 通过快捷菜单

在工作区通过右击可以弹出如图 2-11 所示的快捷菜单。其中部分菜单命令的功能说明如下。

1）【刷新】：用于更新窗口显示，包括更新 WCS 显示、更新由线段逼近的曲线和边缘显示以及更新草图和相对定位尺寸/自由度指示符、基准平面和平面显示。

2）【适合窗口】：用于拟合视图，即调整视图中心和比例，使整合部件拟合在视图的边界内，也可以通过快捷键<Ctrl+F>实现。

3）【缩放】：用于实时缩放视图。该命令可以通过同时按下鼠标左键和中键（对于 3 键鼠标而言）不放来拖动鼠标实现。将鼠标置于图形界面中，滚动鼠标滚轮就可以对视图进行缩放；或者在按下鼠标滚轮的同时按下<Ctrl>键，然后上下移动鼠标也可以对视图进行缩放。

4）【平移】：用于移动视图。该命令可以通过同时按下鼠标右键和中键（对于 3 键鼠标而言）不放来拖动鼠标实现，或者在按下鼠标滚轮的同时按下<Shift>，然后向各个方向移动鼠标，也可以对视图进行缩放。

5）【旋转】：用于旋转视图。该命令可以通过按住鼠标中键（对于 3 键鼠标而言）不放，再拖动鼠标实现。

6）【渲染样式】：用于更换视图的显示模式。给出的命令中包含带边着色、着色、带有淡化边的线框、带有隐藏边的线框、静态线框、艺术外观、局部着色和面分析 8 种渲染样式。

7）【定向视图】：用于改变对象观察点的位置。子菜单中包括用户自定义视角共有 9 个视图命令。

8）【设置旋转参考】：该命令可以利用鼠标在工作区选择合适旋转点，再通过【旋转】命令观察对象。

2. 通过视图功能区

【视图】功能区如图 2-12 所示。其中每个图标按钮的功能与对应的快捷菜单相同。

图 2-12　【视图】功能区

3. 通过视图子菜单

执行【菜单】→【视图】命令，系统弹出如图 2-13 所示的子菜单。其中许多命令可用于从不同角度观察对象模型。

2.2.2　选择对象

图 2-13　【视图】子菜单

在 UG 的建模过程中，对象的选择可以通过多种方式来进行，以方便快速选择目标体。执行【菜单】→【编辑】→【选择】命令，系统弹出如图 2-14 所示的子菜单。

以下对子菜单中部分命令的功能做一介绍。

1）【最高选择优先级-特征】：它的选择范围较为特定，仅允许特征被选择，像一般的线、面是不允许选择的。

2）【最高选择优先级-组件】：该命令多用于装配环境下对各组件的选择。

3）【全不选】：系统释放所有已经选择的对象。

当工作区有大量可视化对象供选择时，系统会弹出如图 2-15 所示的【快速选取】对话框。用于依次遍历可选择对象，数字表示重叠对象的顺序，各框中的数字与工作区中的对象一一对应。当数字框中的数字高亮显示时，对应的对象也会在工作区中高亮显示。以下介绍两种常用的选择方法。

图 2-14　【选择】子菜单

图 2-15　【快速选取】对话框

1）通过键盘：通过键盘上的<→>移动高亮显示区来选择对象，当确定之后通过单击<Enter>键或鼠标左键确认即可。

2）移动鼠标：在【快速拾取】对话框中移动鼠标，高亮显示数字也会随之改变，确定对象后单击左键确认即可。

如果要放弃选择，单击对话框中的【关闭】按钮或按下<Esc>键即可。

2.2.3　改变对象的显示方式

本小节将介绍对象的实体图形显示方式，首先进入建模环境，执行【菜单】→【编辑】→【对象显示】命令，或者按下组合键<Ctrl+J>，弹出如图 2-16 所示的对话框。通过该对话框中的选项，可编辑所选择对象的图层、颜色、透明度或着色显示等参数，完成后单击【确定】按钮，即可完成编辑并退出该对话框。单击【应用】按钮，则不用退出对话框，接着进行其他操作。

相关选项的功能说明如下。

1）【类选择】对话框：当用户不能从工作区的众多对象中准确选择实体，或者需要快速选择一类对象时，可以通过该命令弹出如图 2-16a 所示的【类选择】对话框。其中，可以通过【类型过滤器】按钮来定位选择对象，或者通过单击【图层过滤器】按钮来选择，也可以通过单击【颜色过滤器】按钮或【属性过滤器】按钮来选择，还可以通过【反选】方式来选择。

2）【编辑对象显示】对话框：如图 2-16b 所示，其中相关选项的功能说明如下。

➤ 【图层】：用于指定选择对象放置的层。系统规定的层为 1～256 层。

➤ 【颜色】：用于改变所选对象的颜色，可以弹出如图 2-17 所示的【颜色】对话框。

a)　　　　　　　　　　　　b)

图 2-16 【类选择】和【编辑对象显示】对话框
a)【类选择】对话框　b)【编辑对象显示】对话框

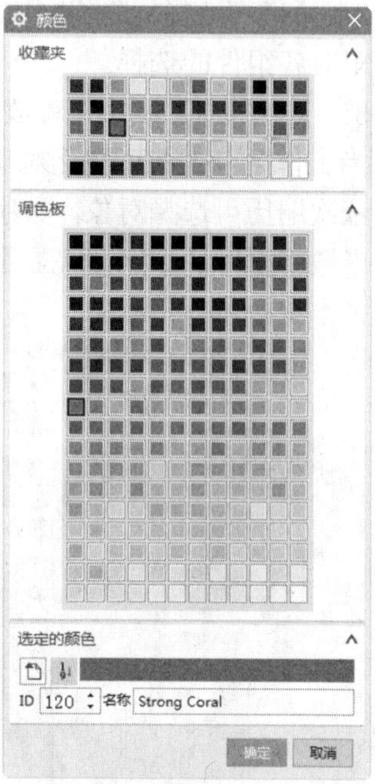

图 2-17 【颜色】对话框

➤ 【线型】：用于修改所选对象的线型（不包括文本）。

➤ 【宽度】：用于修改所选对象的线宽。

➤ 【继承】：单击该按钮，弹出对话框，要求选择需要从哪个对象上继承设置，并应用到之后的所选对象上。

➤ 【重新高亮显示对象】：单击该按钮，重新高亮显示所选对象。

2.2.4　隐藏对象

当工作区内图形太多，以至于不便于操作时，需要将暂时不需要的对象隐藏，如模型中的草图、基准面、曲线、尺寸、坐标及平面等，执行【菜单】→【编辑】→【显示和隐藏】命令，其子菜单提供了隐藏和取消隐藏功能命令,如图 2-18 所示。

其中部分命令的功能说明如下。

1)【显示和隐藏】:执行该命令,弹出如图 2-19 所示的【显示和隐藏】对话框。在该对话框中可以选择要显示或隐藏的对象。

图 2-18　【显示和隐藏】子菜单

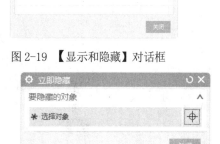

图 2-19　【显示和隐藏】对话框

2)【立即隐藏】:执行该命令,弹出如图 2-20 所示的【立即隐藏】对话框。在该对话框中可以选择要隐藏的对象。

3)【隐藏】:该命令也可以通过按下组合键<Ctrl+B>实现。在弹出的【类选择】对话框中,可以通过类型选择需要隐藏的对象或者直接选取。

图 2-20　【立即隐藏】对话框

4)【反转显示和隐藏】:该命令用于反转当前所有对象的显示或隐藏状态,即显示的全部对象将会隐藏,而隐藏的将会全部显示。

5)【显示】:该命令将所选的隐藏对象重新显示出来,执行该命令后,将会弹出【类选择】对话框,此时工作区中将显示所有已经隐藏的对象,用户可以在其中选择需要重新显示的对象。

6)【显示所有此类型对象】:该命令将重新显示某类型的所有隐藏对象,并提供了 5 种过滤方式(见图 2-21)来确定对象类别。

图 2-21　【选择方法】对话框

7)【全部显示】:该命令也可以通过按下组合键<Shift+Ctrl+U>实现,将重新显示所有在可选层上的隐藏对象。

8)【按名称显示】:执行该命令,弹出如图 2-22 所示的【显示模式】对话框。可以输入要隐藏名称进行隐藏。

图 2-22　【显示模式】对话框

2.2.5 对象变换

执行【菜单】→【编辑】→【变换】命令，系统弹出如图 2-23 所示的【变换】对话框。选择对象后单击【确定】按钮，弹出如图 2-24 所示的对象【变换】对话框，可被变化的对象包括直线、曲线、面和实体等。该对话框在操作变化对象时经常用到。在执行【变换】命令的最后操作时，都会弹出如图 2-25 所示的对话框。

以下对图 2-25 所示的对象【变换】公共参数对话框中的部分功能做一介绍。该对话框用于选择新的变换对象、改变变换方法、指定变换后对象的存放图层等功能。

图 2-23 【变换】对话框   图 2-24 对象【变换】对话框   图 2-25 对象【变换】公共
参数对话框

1）【重新选择对象】：用于重新选择对象，通过【类选择】对话框来选择新的变换对象，而保持原变换方法不变。

2）【变换类型 - 比例】：用于修改变换方法。即在不重新选择变换对象的情况下，修改变换方法，当前选择的变换方法以简写的形式显示在"-"符号后面。

3）【目标图层 - 原始的】：用于指定目标图层，即在变换完成后，指定新建立的对象所在的图层。单击该按钮后，会有以下 3 种选项。

➤ 【工作的】：变换后的对象放在当前的工作图层中。

➤ 【原始的】：变换后的对象保持在原对象所在的图层中。

➤ 【指定】：变换后的对象被移动到指定的图层中。

4）【跟踪状态 - 关】：这是一个开关选项，用于设置跟踪变换过程。当其设置为【开】时，则在原对象与变换后的对象之间画连接线。该选项可以和【平移】、【旋转】、【比例】、【镜像】或【重定位】等变换方法一起使用，以建立一个封闭的形状。

需要注意的是，对于原对象类型为实体、片体或边界对象，变换操作时该选项不可用。跟踪曲线独立于图层设置，总是建立在当前的工作图层中。

5）【细分 - 1】：用于等分变换距离，即把变换距离（或角度）分割成几个相等的部分，实际变换距离（或角度）是其等分值。指定的值称为【等分因子】。

该选项可用于【平移】、【比例】、【旋转】等变换操作。例如，【平移】变换，实际变换的距离是原指定距离除以【等分因子】的商。

6）【移动】：用于移动对象，即变换后，将原对象从其原来的位置移动到由变换参数所指定的新位置。如果所选取的对象和其他对象间有父子依存关系（即依赖于其他父对象而建立），则只有选取了全部的父对象一起进行变换后，才能用【移动】命令。

7）【复制】：用于复制对象，即变换后，将原对象从其原来的位置复制到由变换参数所指定的新位置。对于依赖其他父对象而建立的对象，复制后的新对象中数据关联信息将会丢失（即它不再依赖于任何对象而独立存在）。

8）【多个副本 - 可用】：用于复制多个对象。按指定的变换参数和复制个数在新位置完成原对象的多个复制。相当于一次执行了多个【复制】命令操作。

9）【撤销上一个 - 不可用】：用于撤销最近变换，即撤销最近一次的变换操作，但原对象依旧处于选择状态。

 提示

对象的几何变换只能用于变化几何对象，不能用于变换视图、布局和图样等。另外，变化过程中可以使用【移动】或【复制】命令多次，但每使用一次都建立一个新对象，所建立的新对象都是以上一个操作的结果作为原对象，并以同样的变换参数变换后得到的。

下面对图 2-24 所示的对象【变换】对话框中的部分功能做一介绍。

1）【比例】：用于将选择的对象相对于指定参考点成比例地缩放尺寸。选择的对象在参考点处不移动。选择该选项，在系统弹出的点构造器选择一参考点后，系统弹出如图 2-26 所示的对话框。其中提供了两种选择方式

➢ 【比例】：该文本框用于设置均匀缩放。

➢ 【非均匀比例】：选择该选项后，在弹出的如图 2-27 所示的对话框中设置【XC-比例】、【YC-比例】和【ZC-比例】方向上的缩放比例值。

图 2-26　【比例】选项【变换】对话框　　　图 2-27　【非均匀比例】选项【变换】对话框

2）【通过一直线镜像】：该选项用于将选择的对象相对于指定的参考直线做镜像，即在参考线的相反侧建立原对象的一个镜像，如图 2-28 所示。

选择该选项，系统弹出如图 2-29 所示的对话框。其中提供了 3 种选择方式。

➢ 【两点】：用于指定两点，两点的连线即为参考线。

➢ 【现有的直线】：选择一条已有的直线（或实体边缘线）作为参考线。

> ➤ 【点和矢量】：该选项用点构造器指定一点，然后在矢量构造器中指定一个矢量，通过指定点的矢量即作为参考直线。

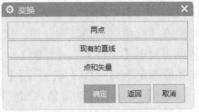

图 2-28 【通过一直线镜像】示意　　　　图 2-29 【通过一直线镜像】选项【变换】对话框

3）【矩形阵列】：该选项用于将选择的对象从指定的阵列原点开始，沿坐标系 XC 和 YC 方向（或指定的方位）建立一个等间距的矩形阵列。系统先将原对象从指定的参考点移动或复制到目标点（阵列原点），然后沿 XC、YC 方向建立阵列，如图 2-30 所示。

选择该选项，系统弹出如图 2-31 所示的对话框。以下就该对话框中部分选项的功能做一介绍。

> ➤ 【DXC】：该选项表示 X 方向间距。
> ➤ 【DYC】：该选项表示 Y 方向间距。
> ➤ 【阵列角度】：用于指定阵列角度。
> ➤ 【列】（X）：用于指定阵列行数。
> ➤ 【列】（Y）：用于指定阵列列数。

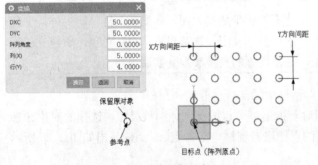

图 2-30 【矩形阵列】示意　　　　图 2-31 【矩形阵列】选项【变换】对话框

4）【圆形阵列】：该选项用于将选择的对象从指定的阵列原点开始，绕目标点（阵列中心）建立一个等角间距的环形阵列，如图 2-32 所示。

选择该选项，系统弹出如图 2-33 所示的对话框。以下就该对话框中部分选项的功能作一介绍。

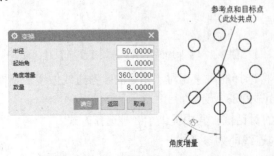

图 2-32 【圆形阵列】示意　　　　图 2-33 【圆形阵列】选项【变换】对话框

➢　【半径】：用于设置环形阵列的半径值，该值也等于目标对象上的参考点到目标点之间的距离。

➢　【起始角】：定位环形阵列的起始角（与 XC 正向平行为零）。

5）【通过一平面镜像】：该选项用于将选择的对象相对于指定参考平面做镜像，即在参考平面的相反侧建立原对象的一个镜像。选择该选项，系统弹出如图 2-34 所示的对话框。用于选择或创建一参考平面（该平面构造器用法将在本书 2.7 节中详述），然后选择原对象完成镜像操作。

6）【点拟合】：该选项用于将选择的对象从指定的参考点集缩放、重定位或修剪到目标点集上。选择该选项，系统弹出如图 2-35 所示的对话框。其中两个选项的功能介绍如下。

图 2-34　【平面】对话框　　　　　　　图 2-35　【点拟合】选项【变换】对话框

➢　【3-点拟合】：允许用户通过 3 个参考点和 3 个目标点来缩放和重定位对象（见图 2-36）。

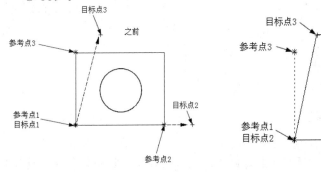

图 2-36　【3-点拟合】示意

➢　【4-点拟合】：允许用户通过 4 个参考点和 4 个目标点来缩放和重定位对象（见图 2-37）。

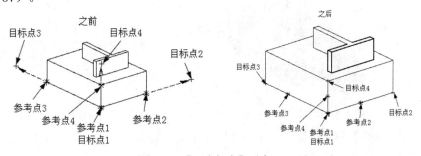

图 2-37　【4-点拟合】示意

【例 2-1】对象隐藏与显示。

打开随书电子资料：yuanwenjian\2\2-1.prt，如图 2-38 所示。

1）执行【菜单】→【编辑】→【显示和隐藏】→【隐藏】命令，或者按下组合键<Ctrl+B>，弹出【类选择】对话框。在弹出的对话框中单击【类型过滤器】按钮 ⊕（见图 2-39），弹出【按类型选择】对话框。选择【基准】选项（见图 2-40），单击【确定】按钮，返回对话框（见图 2-39）；再单击【全选】按钮 ⊞，选择工作区中所有可见的基准对象，单击【确定】按钮退出即可。完成步骤 1）后的效果如图 2-41 所示。

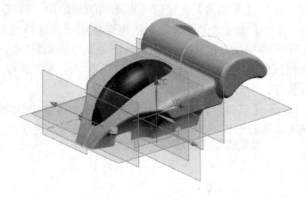

图 2-38　2-1.prt 范例文件

图 2-39　【类选择】对话框

图 2-40　选择合适类型

2）执行【菜单】→【编辑】→【显示和隐藏】→【反转显示和隐藏】命令，或者按下组合键<Ctrl+Shift+B>，可以显示由步骤 1 所隐藏的对象，如图 2-42 所示。

图 2-41　完成步骤 1）后的效果

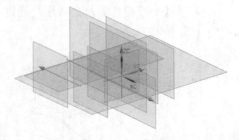

图 2-42　显示被隐藏的对象

3）执行【菜单】→【编辑】→【隐藏】→【全部显示】命令，或者按下<Shift+Ctrl+U>组合键，可以显示所有隐藏对象。

2.3　坐标系操作

UG 系统中共包括 3 种坐标系统，分别是绝对坐标系 ACS（absolute coordinate system）、工作坐标系 WCS（work coordinate system）和机械坐标系 MCS（machine coordinate system），它们都是符合右手法则的。

1）ACS：是系统默认的坐标系，其原点位置永远不变，在用户新建文件时就产生了。

2）WCS：是 UG 系统提供给用户的坐标系，用户可以根据需要任意移动它的位置，也可以设置属于自己的 WCS 坐标系。

3）MCS：该坐标系一般用于模具设计、加工和配线等向导操作中。

UG 中关于坐标系统的操作功能如图 2-43 所示。

在一个 UG 文件中可以存在多个坐标系，但它们当中只可以有一个工作坐标系。UG 中还可以利用 WCS 子菜单中的【保存】命令来保存坐标系，从而记录下每次操作时的坐标系位置，以后再利用【原点】命令移动到相应的位置。

2.3.1　坐标系的变换

执行【菜单】→【格式】→【WCS】命令，弹出如图 2-43 所示的子菜单，用于对坐标系进行变换以创建新的坐标。

1）【动态】：该命令能通过步进的方式移动或旋转当前的 WCS。用户可以在工作区中移动坐标系到指定位置，也可以设置步进参数，使坐标系逐步移动到指定的距离参数，如图 2-44 所示。

2）【原点】：该命令通过定义当前 WCS 的原点来移动坐标系的位置。该命令仅移动坐标系的位置，而不改变坐标轴的方向。

3）【旋转】：执行该命令，弹出如图 2-45 所示的对话框。通过当前的 WCS 绕某一坐标轴旋转一定角度，来定义一个新的 WCS。

图 2-43　WCS 子菜单

用户通过该对话框可以选择坐标系绕哪个轴旋转，同时指定从一个轴转向另一个轴，在【角度】文本框中输入需要旋转的角度即可，角度可以为负值。

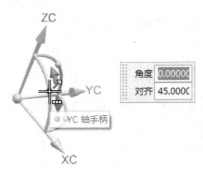

图 2-44　【动态】移动示意

图 2-45　【旋转 WCS 绕】对话框

提示

可以直接双击坐标系使坐标系激活，处于动态移动状态，用鼠标拖动原点处的方块，可以沿 X、Y、Z 方向任意移动，也可以绕任意坐标轴旋转。

4）【改变坐标轴方向】：选择【菜单】→【格式】→【WCS】（工作坐标系）→【更改 XC方向】选项，或者选择【菜单】→【格式】→【WCS】（工作坐标系）→【更改 YC 方向】选项，系统弹出【点】对话框。在该对话框中选择点，系统以原坐标系的原点和该点在 XC-YC 平面上的投影点的连线方向作为新坐标系的 XC 方向或 YC 方向，而原坐标系的 ZC 轴方向不变。

2.3.2　坐标系的定义

执行【菜单】→【格式】→【WCS】→【定向】命令，弹出【坐标系】对话框，如图 2-46所示。该对话框用于定义一个新的坐标系。以下对【类型】下拉列表中各选项的功能做一介绍。

1）【自动判断】：选择该选项，通过选择的对象，或者输入 X、Y、Z 坐标轴方向的偏置值来定义一个坐标系。

2）【原点、X 点、Y 点】：选择该选项，利用点创建功能先后指定 3 个点来定义一个坐标

图 2-46　【坐标系】对话框

系。这 3 点分别是原点、X 轴上的点和 Y 轴上的点，第一点为原点，第一和第二点的方向为 X轴的正向，第一与第三点的方向为 Y 轴方向，再由 X 到 Y 按右手定则来定 Z 轴正向。

3）【X 轴，Y 轴】：选择该选项，利用矢量创建的功能选择或定义两个矢量创建坐标系。

4）【X 轴、Y 轴、原点】：选择该选项，首先利用点创建功能指定一个点为原点，然后利用矢量创建功能创建两矢量坐标，从而定义坐标系。

5）【Z 轴、X 轴、原点】和【Z 轴、X 点】：选择该选项，首先利用矢量创建功能选择或定义一个矢量，然后利用点创建功能指定一个点，来定义一个坐标系。

6）【Z 轴、Y 轴、原点】：选择该选项，首先利用矢量创建功能选择或定义一个矢量，然后利用点创建功能指定一个点，来定义一个坐标系。

7）【对象的坐标系】：选择该选项，由选择的平面曲线、平面或实体的坐标系来定义一个新的坐标系，XOY 平面为选择对象所在的平面。

8）【点、垂直于曲线】：选择该选项，利用所选曲线的切线和一个指定点的方法创建一个坐标系。曲线的切线方向即为 Z 轴矢量，X 轴方向为沿点到切线的垂线指向点的方向，Y

轴正向由自 Z 轴至 X 轴矢量按右手定则来确定，切点即为原点。

9）【平面和矢量】：选择该选项，通过先后选择一个平面和一矢量来定义一个坐标系。其中，X 轴为平面的法矢，Y 轴为指定矢量在平面上的投影，原点为指定矢量与平面的交点。

10）【平面，X 轴，点】：选择该选项，通过首先选定一个以 Z 轴为法向的平面，然后指定 X 轴正方向和坐标原点创建坐标系。

11）【三平面】：选择该选项，通过先后选择 3 个平面来定义一个坐标系。3 个平面的交点为原点，第一个平面的法向为 X 轴，Y 轴、Z 轴以此类推。

12）【绝对坐标系】：选择该选项，是在绝对坐标系点（0，0，0）处定义一个新的坐标系。

13）【当前视图的坐标系】：该方式用当前视图定义一个新的坐标系。XOY 平面为当前视图所在平面。

14）【偏置坐标系】：选择该选项，通过输入 X、Y、Z 坐标轴方向相对于选择坐标系的偏距来定义一个新的坐标系。

提示

用户如果不太熟悉上述操作，可以直接选择【自动判断】选项，系统会依据当前情况做出创建坐标系的判断。

2.3.3　坐标系的保存、显示和隐藏

执行【菜单】→【格式】→【WCS】→【显示】命令后，系统会显示或隐藏当前的工作坐标系。

执行【菜单】→【格式】→【WCS】→【保存】命令后，系统会保存当前设置的工作坐标系，以便在以后的工作中调用。

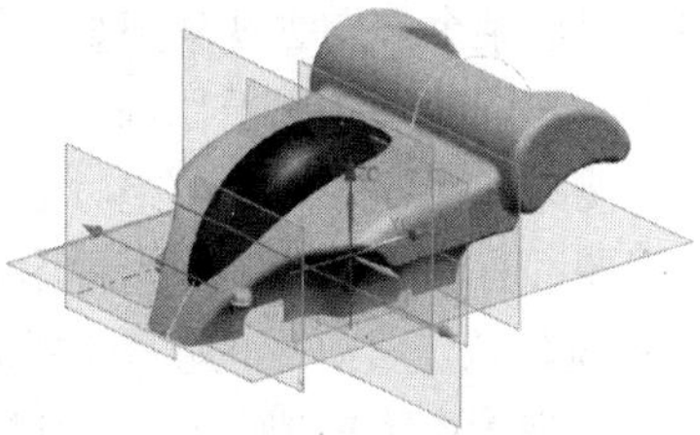

【例 2-2】坐标系的变换以及保存

打开随书电子资料：yuanwenjian\2\2-1.prt，如图 2-47 所示。

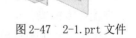

图 2-47　2-1.prt 文件

1）执行【菜单】→【格式】→【WCS】→【保存】命令，保存当前坐标系，如图 2-48 所示。

2）执行【菜单】→【格式】→【WCS】→【原点】命令，平移坐标系。利用点捕捉功能捕捉一线段端点，作为新坐标系的原点；执行【菜单】→【格式】→【WCS】→【保存】命令，保存当前新的坐标系，如图 2-49 所示。

3）当再次平移坐标系到其他位置时（见图 2-50），如果需要返回坐标系到原先保存过的坐标系，可执行【菜单】→【格式】→【WCS】→【原点】命令，捕捉保存过的坐标系原点即可，如图 2-51 所示。

4）当要将工作坐标系与绝对坐标系重合时，执行【菜单】→【格式】→【WCS】→【WCS 设为绝对】命令，单击【确定】按钮即可。

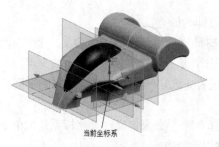

图 2-48　保存当前工作坐标系

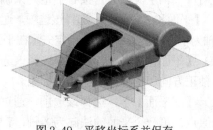

图 2-49　平移坐标系并保存

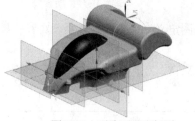

图 2-50　再次平移坐标系

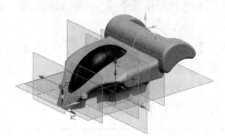

图 2-51　恢复坐标系

2.4　视图与布局

2.4.1　视图

执行【菜单】→【视图】命令，可得到如图 2-52 所示的【视图】子菜单。在 UG 建模环境中，沿着某个方向去观察模型，得到的一幅平行投影的平面图像称为视图。不同的视图用于显示在不同方位和观察方向上的图像。

视图的观察方向只和绝对坐标系有关，与工作坐标系无关。每一个视图都有一个名称，称为视图名，在工作区的左下角显示该名称。UG 系统默认定义好了的视图称为标准视图。

对视图变换的操作可以通过执行【菜单】→【视图】→【操作】命令，调出【操作】子菜单（见图 2-53a），或者通过在工作区中单击鼠标右键，在弹出的快捷菜单中进行快速操作（见图 2-53b）。

图 2-52　【视图】
子菜单

2.4.2　布局

在工作区中，将多个视图按一定排列规则显示出来，就成为一个布局，每一个布局也有一个名称。UG 预先定义了 6 种布局，称为标准布局，如图 2-54 所示。

在同一布局中，只有一个视图是工作视图，其他视图都是非工作视图。各种操作都默认为是针对工作视图的，用户可以随便改变工作视图。工作视图在其视图中都会显示 WORK 字样。

布局的主要作用是在工作区同时显示多个视角的视图，便于用户更好地观察和操作模型。用户可以定义系统默认的布局，也可以生成自定义的布局。

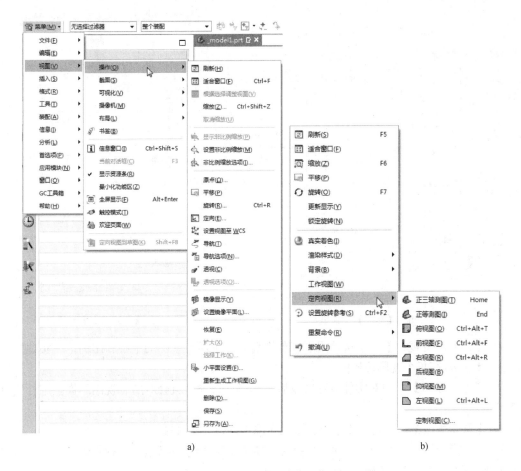

a)　　　　　　　　　　　　　b)

图 2-53　视图的变换操作

a)【操作】子菜单　b）快捷菜单

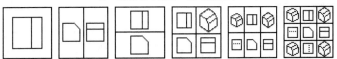

图 2-54　系统标准布局

执行【菜单】→【视图】→【布局】→【新建】命令，即可弹出如图 2-55 所示的【布局】子菜单。该子菜单可用于控制布局的状态和各种视图角度的显示。

其中相关选项的功能介绍如下。

1）【新建】：选择该选项，系统弹出如图 2-56 所示的【新建布局】对话框。用户可以在其中设置视图布局的形式和各视图的视角。

建议用户在进行自定义布局时，输入自己的布局名称。默认情况下，UG 会按照先后顺序给每个布局命名为 LAY1、LAY2 等。

2）【打开】：选择该选项，系统弹出如图 2-57 所示的【打开布局】对话框。在当前文件的【布局名称】列表框中选择要打开的某个布局，系统会按该布局的方式来显示图形。当勾选了【适合所有视图】复选框后，系统会自动调整布局中的所有视图并加以拟合。

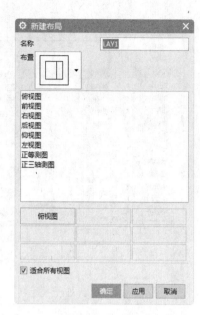

图 2-55　【布局】子菜单　　　　　　图 2-56　【新建布局】对话框

3）【适合所有视图】：该选项用于调整当前布局中所有视图的中心和比例，使实体模型最大程度地拟合在每个视图边界内。

4）【更新显示】：当对实体进行修改后，选择该选项，就会对所有视图的模型进行实时更新显示。

5）【重新生成】：该选项用于重新生成布局中的每一个视图。

6）【替换视图】：选择该选项，系统弹出如图 2-58 所示的【视图替换为】对话框。该对话框用于替换布局中的某个视图。

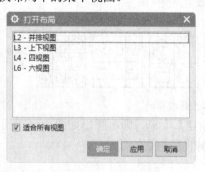

图 2-57　【打开布局】对话框　　　　图 2-58　【视图替换为】对话框

7）【保存】：选择该选项，系统将用当前的视图布局名称保存修改后的布局。

8）【另存为】：选择该选项，系统弹出如图 2-59 所示的【另存布局】对话框。在该对话框的列表框中选择要更换名称进行保存的布局，在【名称】文本框中输入一个新的布局名称，系统会用新的名称保存修改过的布局。

9）【删除】：当存在用户删除的布局时，选择该选项，弹出如图 2-60 所示的【删除布局】对话框。在该对话框的列表框中选择要删除的视图布局后，系统就会删除该视图布局。

图 2-59 【另存布局】对话框

图 2-60 【删除布局】对话框

2.5 图 层 操 作

所谓图层，就是在空间中使用不同的层次来放置几何体。UG中的图层功能类似于设计工程师在透明覆盖层上建立模型的方法，一个图层类似于一个透明的覆盖层。图层最主要的功能是在复杂建模时可以控制对象的显示、编辑、状态。

一个 UG 文件中最多可以有 256 个图层，每层上可以含任意数量的对象。因此一个图层可以含有部件上的所有对象，一个对象上的部件也可以分布在很多层上，但需要注意的是，只有一个图层是当前工作图层，所有的操作只能在工作图层上进行，其他图层可以通过可见性、可选择性等的设置进行辅助工作。执行【菜单】→【格式】命令（见图 2-61），可以调用有关图层的所有命令。

图 2-61 【格式】子菜单

2.5.1 图层的分类

对相应图层进行分类管理，可以很方便地通过层类来实现对其中各层的操作，可以提高操作效率。例如，可以设置 model、draft、sketch 等图层种类，model 包括 1～10 层，draft 包括 11～20 层，sketch 包括 21～30 层等。用户可以根据自身需要来制定图层的类别。

执行【菜单】→【格式】→【图层类别】命令，弹出如图 2-62所示的【图层类别】对话框。通过该对话框，可以对图层进行分类设置。

以下就其中部分选项的功能做一介绍。

1）【过滤】：用于输入已存在的图层种类的名称来进行筛选，当输入【*】时，则会显示所有的图层种类。用户可以直接在列表框中选择需要编辑的图层种类。

图 2-62 【图层类别】对话框

2）【类别】：用于输入图层种类的名称，来新建图层，或者对已存在图层种类进行编辑。

3）【创建/编辑】：用于创建和编辑图层。若【类别】中输入的名称已存在，则进行编辑；若不存在，则进行创建。

4）【删除】、【重命名】：用于对选择的图层种类进行删除或重命名操作。

5）【描述】：用于输入某类图层相应的描述文字。即用于解释该图层种类含义的文字。当输入的描述文字超出规定长度时，系统会自动进行长度匹配。

6）【加入描述】：当新建图层种类时，可在【加入描述】下面的文本框中输入该图层种类的描述信息。

 提示

强烈建议企业级用户建立自己的图层标准。

2.5.2　图层的设置

用户可以在任何一个或一群图层中设置该图层是否显示和是否变换工作图层等。执行【菜单】→【格式】→【图层设置】命令，弹出如图 2-63 所示的【图层设置】对话框。利用该对话框可以对组件中所有图层或任意一个图层进行工作层、可选取性、可见性等设置，并且可以查询层的信息，同时也可以对层所属种类进行编辑。

以下对该对话框中部分选项的功能做一介绍。

1）【工作层】：用于输入需要设置为当前工作层的图层号。当输入图层号后，系统会自动将其设置为工作层。

2）【按范围/类别选择图层】：用于输入范围或图层种类的名称，以便进行筛选操作。

3）【类别过滤器】：在文本框中输入了【*】，表示接受所有图层种类。

图 2-63 【图层设置】对话框

4）【名称】：【图层】列表框能够显示此零件文件所有图层和所属种类的相关信息，图层编号、状态、图层种类等。显示图层的状态、所属图层的种类、对象数目等。可以利用 <Ctrl+Shift> 组合键进行多项选择。此外，在列表框中双击需要更改状态的图层，系统会自动切换其显示状态。

5）【仅可见】：用于将指定的图层设置为仅可见状态。当图层处于仅可见状态时，该图层的所有对象仅可见，但不能被选择和编辑。

6）【对象数】：在工作区中同一图层模型的个数。

7）【显示】：用于控制在【图层】列表框中图层的显示情况。该下拉列表中含有【所有图层】、【含有对象的图层】、【所有可选图层】和【所有可见图层】4 个选项。

8）【显示前全部适合】：用于在更新显示前吻合所有的视图，使对象充满显示区域。

2.5.3 图层的其他操作

1. 图层的可见性设置

执行【菜单】→【格式】→【视图中可见图层】命令，弹出如图 2-64 所示【视图中可见图层】对话框。在图 2-64a 所示的对话框中选择要操作的视图，然后在弹出的对话框（见图 2-64b）的列表框中选择可见性图层，设置可见或不可见选项。

2. 图层中对象的移动

执行【菜单】→【格式】→【移动至图层】命令，弹出如图 2-65 所示的【图层移动】对话框。

a)　　　　　　　　b)

图 2-64　【视图中可见图层】对话框

图 2-65　【图层移动】对话框

在此操作过程中，用户需首先选择要移动的对象，然后进入对话框，在【目标图层或类别】文本框中输入层组名称或图层号，或者在【图层】列表框中直接选择目标层，系统就会将所选对象放置在目的层中。

3. 图层中对象的复制

执行【菜单】→【格式】→【移动至图层】命令，弹出【类选择】对话框。选择需要移动的图层，单击【确定】按钮，将弹出类似图 2-64 所示的对话框。其操作过程基本相同，在此不再详述。

2.6　对象分析

UG 中除了查询基本的物体信息外，还提供了大量的分析工具。信息查询工具获取的是部件中已有的数据，而分析则是根据用户的要求，针对被分析几何对象，通过临时的运算来获得所需的结果。

通过使用这些分析工具，可以及时发现和处理设计工作中的问题。这些工具除了常规的几何参数分析外，还可以对曲线和曲面进行光顺性分析，对几何对象进行误差和拓扑分析，几何特性分析，计算装配的质量和质量特性并对装配进行干涉分析等，还可以将结果以各种数据格式输出。

对象与模型分析的所有命令均在【分析】功能区中，部分功能有工具图标，如图 2-66 所示。以下介绍 UG 分析子菜单中的部分常用功能。

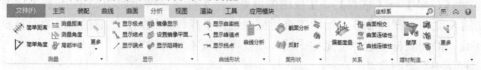

图 2-66 【分析】功能区

在使用 UG 进行设计分析过程中，需要经常性地获取当前对象的几何信息。该功能可以对距离、角度、偏差及弧长等多种情况进行分析，详细指导用户的设计工作。现将其部分功能介绍如下。

1）【测量距离】：执行【菜单】→【分析】→【测量距离】命令，或者选择【分析】→【测量】→【测量距离】选项，即可弹出【测量距离】对话框，如图 2-67 所示。利用该对话框，可计算出用户选择的两个对象间的最小距离。可以选择的对象有点、线、面、体和边等。需要注意的是，如果在曲线或曲面上有多个点与另一个对象存在最短距离，那应该制定一个起始点加以区分。

2）【测量角度】：执行【菜单】→【分析】→【测量角度】命令，或者选择【分析】→【测量】→【测量角度】选项，即可弹出【测量角度】对话框，如图 2-68 所示。用户可以在工作区中选择几何对象，该功能可以计算两个对象之间，如曲线间、两平面间、直线和平面间的角度。包括两个选择对象的相应矢量在工作平面上的投影矢量间的夹角和在三维空间中两个矢量的实际角度。

图 2-67 【测量距离】对话框

图 2-68 【测量角度】对话框

当两个选择对象均为曲线时，若两者相交，则系统会确定两者的交点并计算在交点处两曲线的切向矢量的夹角；否则，系统会确定两者相距最近的点，并计算这两点在各自所处曲线上的切向矢量间的夹角。切向矢量的方向取决于曲线的选择点与两曲线相距最近点的相对方位，其方向为由曲线相距最近点指向选择点的一方。

当选择对象均为平面时，计算结果是两平面的法向矢量间的最小夹角。

3）【偏差】：执行【菜单】→【分析】→【偏差】命令，即可弹出如图 2-69 所示的子菜单。执行【菜单】→【分析】→【偏差】→【检查】命令，弹出如图 2-70 所示的对话框。通过该对话框可以根据过某点斜率连续的原则，即将第一条曲线、边缘或表面上的检查点与第二条曲线上的对应点进行比较，检查选择对象是否相接、相切以及边界是否对齐等，并得到所选对象的距离偏移值和角度偏移值。

图 2-69　【偏差】子菜单

图 2-70　【偏差检查】对话框

➢ 在【偏差检查类型】下拉列表中包括以下选项，其功能如下所述。

➢ 【曲线到曲线】：用于测量两条曲线之间的距离偏差以及曲线上一系列检查点的切向角度偏差。

➢ 【线-面】：系统依据过点斜率的连续性，检查曲线是否真位于表面上。

➢ 【边-面】：用于检查一个面上的边和另一个面之间的偏差。

➢ 【面-面】：系统依据某点法向对齐原则，检查两个面的偏差。

➢ 【边-边】：用于检查两条实体边或片体边的偏差。

在选择了两个检查对象后，经过适当的参数设置，单击【检查】按钮，即可弹出如图 2-71 所示的偏差检查【信息】窗口，其中包括分析点的个数、对象间的最小距离误差、最大距离误差以及各分析点的对应数据等信息。

4）【测量长度】：执行【菜单】→【分析】→【测量长度】命令，弹出如图 2-72 所示的对话框。利用该对话框可计算曲线的长度。

5）【最小半径】：执行【菜单】→【分析】→【最小半径】命令，弹出如图 2-73a 所示的对话框。利用该对话框可计算实体表面或片体的最小曲率半径，并确定何处曲率半径最小。

如果勾选了【在最小半径处创建点】复选框，则会在表面的最小曲率半径处产生一个标记，相关信息会列在【信息】窗口中，如图 2-73b 所示。

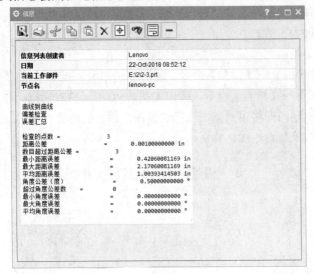

图 2-71　偏差检查【信息】窗口　　　　　　图 2-72　【测量长度】对话框

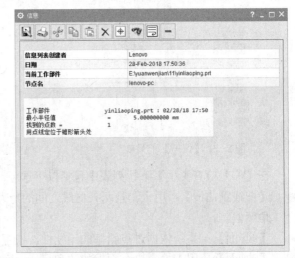

a)　　　　　　　　　　　　　　b)

图 2-73　【最小半径】对话框和【信息】窗口

a)【最小半径】对话框　b)【信息】窗口

6)【几何属性】：执行【菜单】→【分析】→【局部半径】命令，选择指定的表面或曲面对象后，可以计算和在信息框中显示出 U 向、V 向百分比和 U 向、V 向一阶导数、单位面法向和主曲率的最大、最小半径值等信息。

7)【测量面】：用于分析计算和显示所选择面的面积和周长信息。

8)【测量体】：用于分析计算和显示所选择实体的质量属性，还包括一阶矩、质心点、惯性矩和回转半径等工程关系信息，如图 2-74 所示。

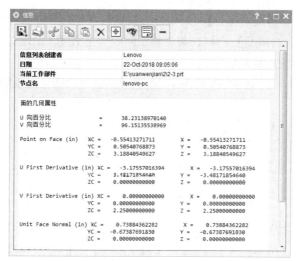

图 2-74　分析测量体【信息】窗口

2.7　常 用 工 具

本小节将介绍 UG NX 12.0 系统中常用的一些工具，这些工具在 UG 的许多操作中都要用到，需要熟练掌握。

2.7.1　点构造器

图 2-75 所示为【点】对话框，也称为点构造器。执行【菜单】→【插入】→【基准/点】→【点】命令，即可调出该对话框。

下面介绍基准点的创建方法。

1）【自动判断的点】：根据鼠标所指的位置指定各种点之中距光标最近的点。

2）【光标位置】：直接在鼠标左键单击的位置上建立点。

3）【现有点】十：根据已经存在的点，在该点位置上再创建一个点。

4）【端点】：根据鼠标选择位置，在靠近鼠标选择位置的端点处建立点。如果选择的特征为完整的圆，那么端点为零象限点

5）【控制点】：在曲线的控制点上构造一个点或规定新点的位置。控制点与曲线的类型有关，可以是直线的中点或端点、二次曲线的端点，或样条曲线的定义点或控制点等。

6）【交点】：在两段曲线的交点上、曲线和平面或曲面的交点上创建一个点，或者规定新点的位置。

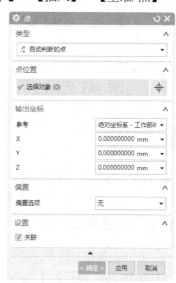

图 2-75　【点】对话框

7）【圆弧中心/椭圆中心/球心】⊙：在所选圆弧、椭圆或球的中心建立点。

8）【圆弧/椭圆上的角度】△：在与 X 轴正向成一定角度（沿逆时针方向）的圆弧/椭圆弧上创建一个点，或者规定新点的位置。

9）【象限点】○：即圆弧的四分点，在圆弧或椭圆弧的四分点处创建一个点，或者规定新点的位置。

10）【曲线/边上的点】／：在选择的特征上建立点。

11）【面上的点】：在面上建立点。

12）【两点之间】／：在两点之间建立点。

2.7.2 矢量构造器

在 UG 建模过程中经常需要定义方向，此时会弹出如图 2-76 所示的【矢量】对话框，也称为矢量构造器。执行【菜单】→【插入】→【派生曲线】→【等斜度曲线】命令，即可调出该对话框。

图 2-76 【矢量】对话框

下面介绍矢量的创建方法。

1）【自动判断的矢量】：系统依据选择的对象自动定义矢量。

2）【两点】／：用于在两点之间创建矢量。

3）【与 XC 成一角度】：此选项用于创建在 XC-YC 平面上定义与 XC 轴有一定夹角的矢量。

4）【曲线/轴矢量】：此选项通过选择边缘/曲线来定义一个矢量。当选择直线时，定义的矢量由选择点指向与其距离最近的端点。当选择圆或圆弧时，定义的矢量为圆或圆弧所在平面的法向；当选择艺术样条或二次曲线时，定义的矢量为距选择点较远的点指向距选择点较近的点。

5）【曲线上矢量】：选择一条曲线，可以通过对话框中的【位置】和【圆弧长度】来定义矢量的起始位置。

6）【面/平面法向】：用于定义与平面法线或圆柱面轴线平行的矢量。

7）【XC 轴】：用于定义与 XC 轴平行的矢量。

8）【YC 轴】：用于定义与 YC 轴平行的矢量。

9）【ZC 轴】：用于定义与 ZC 轴平行的矢量。

10）【-XC 轴】：用于定义与-XC 轴平行的矢量。

11）【-YC 轴】：用于定义与-YC 轴平行的矢量。

12）【-ZC 轴】：用于定义与-ZC 轴平行的矢量。

2.7.3 类选择器

在 UG 建模过程中，经常需要选择对象。执行【菜单】→【编辑】→【对象显示】命令，弹出如图 2-77 所示的【类选择】对话框。以下简要介绍其使用方法

当选择对象时，可以在【按名称选择】文本框中输入对象名称，也可以依据类型直接在工作区选择对象。当选择对象时，系统提供了 5 种过滤方式。

1）【类型过滤器】：选择该选项，弹出如图 2-78 所示的对话框。通过在其中选择限定的选择类型，从而在工作区中快速选择对象。

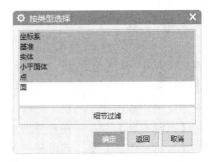

图 2-77　【类选择】对话框　　　　　　　　　图 2-78　【按类型选择】对话框

2）【图层过滤器】：选择该选项，弹出如图 2-79 所示的对话框。通过指定图层来限定选择的对象。

3）【颜色过滤器】：选择该选项，弹出如图 2-80 所示的对话框。通过对象颜色的分类设置来限定选择的对象。

4）【属性过滤器】：选择该选项，弹出如图 2-81 所示的对话框。通过对象其他属性的设置来限定选择的对象。此外，还可以通过对话框下方的【用户定义属性】进行属性的自定义设置。

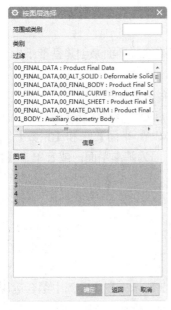

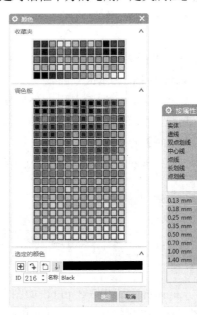

图 2-79　【按图层选择】对话框　　　　图 2-80　【颜色】对话框　　　图 2-81　【按属性选择】对话框

5）【重置过滤器】：选择该选项，弹出如图 2-81 所示的对话框。通过对象其他属性的设置，重置选择的对象。

 提示

在过滤方式选择对话框中一般有很多可选项目。当选择时，可利用<Ctrl+Shift>组合键来进行多项选择。如对于一些连续的项目，可以先选择第一项，然后按住<Shift>键，单击最后一项进行选择；对于不连续的项目，可在按住<Ctrl>键的同时选择多个项目。

2.7.4　平面工具

在 UG NX 12.0 的使用过程中，经常会遇到需要定义基准平面、参考平面或切割平面的情况，此时系统会提供如图 2-82 所示的【基准平面】对话框。利用该对话框中可以创建平面。

图 2-82　【基准平面】对话框

1）【自动判断】：系统根据所选对象创建基准平面。

2）【按某一距离】：通过和已存在的参考平面或基准面进行偏置得到新的基准平面。

3）【成一角度】：通过与一个平面或基准面成指定角度来创建基准平面。

4）【二等分】：在两个相互平行的平面或基准平面的对称中心处创建基准平面。

5）【曲线和点】：通过选择曲线和点来创建基准平面。

6）【两直线】：通过选择两条直线创建基准平面。若两条直线在同一平面内，则以这两条直线所在平面为基准平面；若两条直线不在同一平面内，那么基准平面通过一条直线且与另一条直线平行。

7）【相切】：通过与一曲面相切且通过该曲面上的点或线或平面来创建基准平面。

8）【通过对象】：以对象平面为基准平面。

9）【点和方向】：通过选择一个参考点和一个参考矢量来创建基准平面。

10）【曲线上】：通过已存在的曲线，创建在该曲线某点处与该曲线垂直的基准平面。

系统还提供了【YC-ZC 平面】、【XC-ZC 平面】、【XC-YC 平面】和【系数】4 种方法。也就是说，可选择 YC-ZC 平面、XC-ZC 平面、XC-YC 平面为基准平面，或者单击【按钮】，自定义基准平面。

2.8　综 合 实 例

打开随书电子资料：yuanwenjian\2\2-3.prt，如图 2-83 所示。在本实例中综合运用了关于对象操作、视图与布局操作、图层操作、信息查询和模型分析操作。

2.8.1　对象操作

图 2-83　2-3. prt 文件

以下主要完成对象的选择、对象的显示方式和隐藏操作。

1）在工作区右击，并按住一段时间，系统会弹出如图 2-84 所示的显示模式浮动图标。按住右键不放，将鼠标移动到【带有淡化边的线框】图标 处，即可进入线框显示模式，如图 2-85 所示。也可以直接选择【视图】→【样式】→【带有淡化边的线框】选项 。

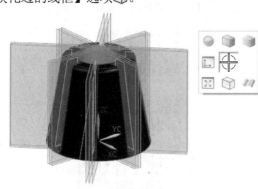

图 2-84　显示模式浮动图标

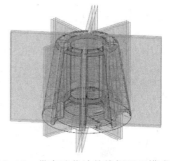

图 2-85　带有淡化边的线框显示模式

2）对象显示方式：按下<Ctrl+J>组合键，也可以通过执行【菜单】→【编辑】→【对象显示】命令，系统弹出【类选择】对话框，如图 2-86 所示。单击【类型过滤器】按钮，在弹出的如图 2-87 所示的对话框中选择【实体】选项，单击【确定】按钮，返回【类选择】对话框。单击【全选】按钮，再次单击【确定】按钮，完成实体对象的选择。

图 2-86　【类选择】对话框

图 2-87　【按类型选择】对话框

3）弹出如图 2-88 所示的【编辑对象显示】对话框。单击【颜色】按钮，系统弹出如图 2-89

所示的【颜色】对话框。选择其中的紫色（其颜色标记为12），并设置其 V 向为 5，单击【确定】按钮，其线框模式如图 2-90 所示。

4）对象隐藏：隐藏所有的不需要显示的曲线和辅助面。按下<Ctrl+B>组合键，弹出【类选择】对话框。单击【类型过滤器】按钮，在图 2-87 所示的对话框中选择【曲线】，按住<Ctrl>键选择【基准】，单击【确定】按钮，返回【类选择】对话框。单击【全选】按钮，单击【确定】按钮，按住右键不放，将鼠标移动到【着色】按钮 处，其着色显示结果如图 2-91 所示。也可以按下<Ctrl+Shift+B>组合键，查看被隐藏的对象，如图 2-92 所示；再次按下<Ctrl+Shift+B>组合键，可以返回原来的界面。需要的话，按下<Ctrl+Shift+U>组合键，即可以显示所有的对象。

图 2-88　【编辑对象显示】对话框

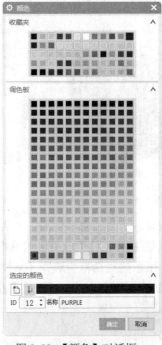

图 2-89　【颜色】对话框

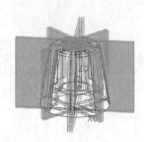

图 2-90　设置完成后的线框模式

图 2-91　着色显示结果

图 2-92　被隐藏的对象

2.8.2　视图与布局

继上面操作之后，以下主要进行不同视图间的切换、恢复和布局的设置。

1）按住右键不放，将鼠标移动到【带有淡化边的线框】选项 处，即可进入线框显示模式。

2）布局的设置：执行【菜单】→【视图】→【布局】→【新建】命令，系统弹出【新建布局】对话框。在其中选择 4 视图布置方式，如图 2-93 所示。

3）单击对话框下方激活按钮中的一个，然后在列表框中选择需要显示的视图模式（见图 2-94），依次调整 4 个视图的显示模式，调整后的视图布局如图 2-95 所示。单击【确定】按钮完成设置，工作区中显示的视图布局如图 2-96 所示。

4）同上操作，新建一个布局，使之仅包含一个俯视图，如图 2-97 所示。

图 2-93　【新建布局】对话框

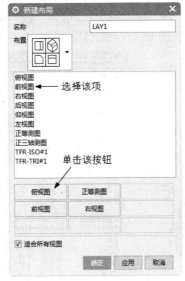

图 2-94　调整视图

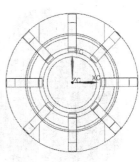

图 2-95　调整后的视图布局

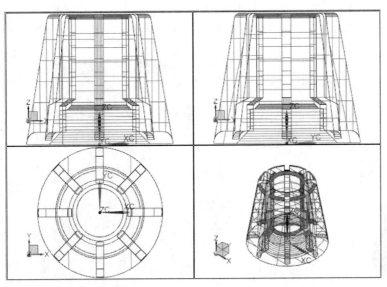

图 2-96　工作区中显示的视图布局

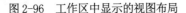

图 2-97　创建一个
视图的布局

2.8.3　模型分析

以下主要进行模型的分析操作，包括体积测量、面积测量和单位转换。

1）选择【视图】→【操作】→【正等测图】选项🔧，将当前视图显示模式切换为轴测图。

2）选择【视图】→【样式】→【着色】选项🔲，对图形进行着色。

3）体积测量：执行【菜单】→【分析】→【测量体】命令，系统弹出【测量体】对话框。选择工作区的实体对象，即可获得测量值 19.9844in³，如图 2-98 所示。勾选【显示信息窗口】复选框，显示相关测量信息，如图 2-99 所示。其中包括了以 in 和 mm 为基本单位的面积、体积、质量等测量值，还有一阶矩、惯性矩 （工作）、惯性矩（质心）、惯性矩（球坐标）和惯性积等。

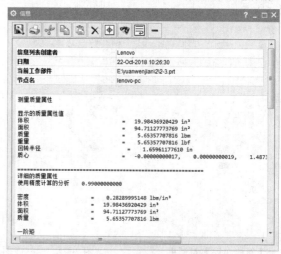

图 2-98　体积测量　　　　　　　　　　　图 2-99　测量【信息】显示窗口

4）面积测量：执行【菜单】→【分析】→【测量面】命令，选择需要查询的面积表面，获得测量值，如图 2-100 所示。勾选【显示信息窗口】复选框，显示相关测量信息，如图 2-101 所示。其中包括了面积和周长信息。

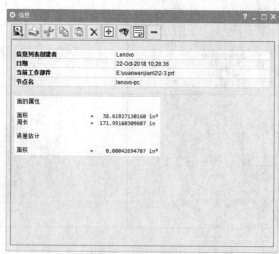

图 2-100　面积测量　　　　　　　　　　图 2-101　测量【信息】显示窗口

5）单位转换：对于上述的面积测量，由于模型对象采用的是英制单位，如果需要将其转换成米制，可执行【菜单】→【工具】→【单位转换器】命令，在系统弹出的对话框中的【数量】下拉列表中选择【面积】选项，并将面积值 38.6193in² 输入到【从】文本框，在其下方的文本框口中即可获得米制的 24915.62mm²，如图 2-102 所示。同理，还可以获得周长的转换值。

图 2-102　单位转换示意

 实验 1　在 UG NX 12.0 中定制自己的环境风格。

操作提示：

1）利用 UG NX 12.0 的【首选项】命令，可以设置不同模块的工作环境。

2）在 UG NX 12.0 中，还可以通过执行【菜单】→【文件】→【实用工具】→【用户默认设置】命令，利用其中的选项可以进行基本环境设置以及各模块的环境设置。

 实验 2　打开随书电子资料：yuanwenjian\2\exercise\book_02_01. prt，如图 2-103 所示。分析该曲面的斜率分布。

操作提示：

通过 UG NX 12.0 中的【分析】功能区，可以对几何对象进行距离分析、角度分析、偏差分析、质量属性分析和强度分析等。

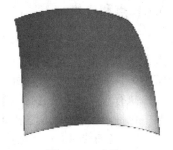

图 2-103　实验 2

这些工具除了常规的几何参数分析之外，还可以对曲线和曲面进行光顺性分析，对几何对象进行误差和拓扑分析以及几何特性分析，计算装配的质量，计算质量特性，对装配进行干涉分析等，还可以将结果以各种数据格式输出。

1. UG NX 12.0 提供的模块可以用来完成哪些工作？怎样快速掌握所需功能？

2. 当程序中打开的文件窗口数量过多时，如何有选择地关闭部分窗口？

3. 怎样定制自己的视图布局，如何有效地利用快捷菜单中提供的命令快速切换视图？

4. 如何有效地利用图层功能制定相应的图层管理规则，从而有效地组织和管理各种对象？

第3章 UG NX 12.0 曲线功能

☞ **本章导读**

本章主要介绍曲线的建立、操作以及编辑的方法。UG NX 12.0 中重新改进了曲线的各种操作风格，以前版本中一些复杂难用的操作方式被抛弃了，采用了新的方法，在本章中将会详述。

✌ **内容要点**

♣ 基本曲线　　♣ 复杂曲线　　♣ 曲线操作　　♣ 曲线编辑

3.1　基　本　曲　线

在所有的三维建模中，曲线是构建模型的基础。只有曲线构造的质量良好，才能保证以后的面或实体质量好。曲线功能主要包括曲线的生成、编辑和操作方法。

3.1.1　点和点集

在 UG NX 12.0 的许多命令中都需要利用点构造器来定义点的位置，执行【菜单】→【插入】→【基准/点】→【点】命令，弹出【点】对话框。其中各选项的相关用法在本书 2.7 节的常用工具中已提到过，此处不再详述。

执行【菜单】→【插入】→【基准/点】→【点集】命令，弹出如图 3-1 所示的对话框。其中包括了以下几种创建点集的方法，现将其常用选项的功能介绍如下。

1）【曲线点】：该选项主要用于在曲线上创建点集。选择该类型的对话框如图 3-1 所示。其中【曲线点产生方法】共有 7 种见图 3-2，其各选项的功能如下所述

图 3-1　【点集】对话框

图 3-2　曲线点产生方法

> 【等弧长】：该方法是在点集的开始点和结束
> 点之间按点之间等弧长来创建指定数目的点
> 集。首先选择要创建点集的曲线，然后确定点
> 集的数目，最后输入起始点和结束点在曲线上
> 的百分比位置，如图 3-3 所示。

图 3-3　利用【等弧长】创建点集

> 【等参数】：当利用【等参数】方法创建点集
> 时，系统会以曲线的曲率大小来分布点集的位置，曲率越大，产生的点距离也就越大，
> 反之越小，如图 3-4 所示。

图 3-4　利用【等参数】创建点集

> 【几何级数】：当利用【几何级数】方法创建点集时，在设置完其他参数后还要设置
> 一个【比率】值，用来确定点集中彼此相邻的后两点之间的距离与前两点间距的倍数，
> 如图 3-5 所示。

图 3-5　利用【几何级数】创建点集

> 【弦公差】：当利用【弦公差】方法创建点集时，对话框中只有一个【弦公差】文本
> 框。用户需要给出弦公差的大小。在创建点集时，系统会以该弦公差值来分布点集的
> 位置。弦公差越小，产生的点数就越多；反之越少，如图 3-6 所示。

图 3-6　利用【弦公差】创建点集

> 【增量弧长】：当利用【增量弧长】创建点集时，对话框中只有一个【弧长】文本框。
> 用户根据需要给出弧长的大小，当创建点集时，系统会以该弧长的大小来分布点集的
> 位置，而点数的多少则取决于曲线总长及两点间的弧长，并按照顺时针方向创建各点，
> 如图 3-7 所示。

图 3-7　利用【增量弧长】创建点集

➢ 　【投影点】：用于通过指定点来创建点集。
➢ 　【曲线百分比】用于通过曲线上的百分比位置来创建点集。

2）【样条点】：根据样条曲线来创建点集，如图 3-8 所示。【样条点类型】共有 3 种，如下所述。

➢ 　【定义点】：该方法是通过绘制样条曲线的定义点来创建点集。选择该选项后，系统会提示用户选择样条曲线，依据该样条曲线的定义点来创建点集，如图 3-9 所示。

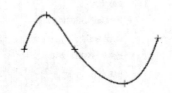

图 3-8　【样条点】类型【点集】对话框　　　　图 3-9　利用【定义点】创建点集

 提示

这种方法常用在从*.dat 文件中读取的点的数据命令构造的曲线之后，UG NX 12.0 并不显示所导入的数据点的位置，通过这种方式可以将这些点创建并显示出来。

➢ 　【结点】：该方法是利用样条曲线的节点来创建点集的。选择该选项后，系统会提示用户选择样条曲线，依据该样条曲线的节点来创建点集，如图 3-10 所示。
➢ 　【极点】：该方法是利用样条曲线的极点来创建点集的。选择该选项后，系统会提示用户选择样条曲线，依据该样条曲线的极点来创建点集，如图 3-11 所示。

3）【面的点】：该类型主要用于产生曲面上的点集，如图 3-12 所示。【面点产生方法】有 3 种，即【阵列】、【面百分比】和【B 曲面极点】。

图 3-10　利用【结点】创建点集

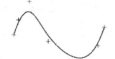

图 3-11　利用【极点】创建点集

图 3-12　【面的点】类型【点集】
对话框

3.1.2　直线

执行【菜单】→【插入】→【曲线】→【直线】命令，或者选择【曲线】→【曲线】→【直线】选项，✐，弹出如图 3-13 所示【直线】对话框。以下就【直线】对话框中部分选项的功能做一介绍。

（1）【起点选项】和【终点选项】下拉列表

1）【自动判断】：根据选择的对象来确定要使用的起点和终点选项。

2）【点】：通过一个或多个点来创建直线。

3）【相切】：用于创建与弯曲对象相切的直线。

（2）【平面选项】下拉列表

1）【自动平面】：根据指定的起点和终点来自动判断临时平面。

2）【锁定平面】：选择此选项，如果更改起点或终点，自动平面不可移动。锁定的平面以基准平面对象的颜色显示。

3）【选择平面】：通过【指定平面】下拉列表或【平面】对话框来创建平面。

图 3-13　【直线】对话框

（3）【起始限制】和【终止限制】下拉列表

1）【值】：用于为直线的起始限制或终止限制指定数值。

2）【在点上】：通过【捕捉点】选项为直线的起始限制或终止限制指定点。

3）【直至选定】：用于在所选对象的限制处开始或结束直线。

3.1.3　圆和圆弧

执行【菜单】→【插入】→【曲线】→【圆弧/圆】命令，或者选择【曲线】→【曲线】→

【圆弧/圆】选项↘，弹出如图 3-14 所示【圆弧/圆】对话框。该对话框用于创建关联的圆弧和圆曲线。以下就【圆弧/圆】对话框中部分选项的功能做一介绍。

（1）【类型】下拉列表

1）【三点画圆弧】：通过指定的三个点，或者指定两个点和半径来创建圆弧。

2）【从中心开始的圆弧/圆】：通过圆弧中心及第二点或半径来创建圆弧。

（2）【起点选项】、【端点选项】和【中点选项】下拉列表

1）【自动判断】：根据选择的对象来确定要使用的起点/端点/中点选项。

2）【点】：用于指定圆弧的起点/端点/中点。

3）【相切】：用于选择曲线对象，以从其派生与所选对象相切的起点/端点/中点。

（3）【平面选项】下拉列表

1）【自动平面】：根据圆弧或圆的起点和终点来自动判断临时平面。

2）【锁定平面】：选择此选项，如果更改起点或终点，自动平面不可移动。可以双击解锁或锁定自动平面。

图 3-14　【圆弧/圆】对话框

3）【选择平面】：用于选择现有平面或新建平面。

（4）【限制】选项组

1）【起始限制】和【终止限制】下拉列表用于对圆弧的起始和终止进行设置。

➢　【值】：用于为圆弧的起始限制或终止限制指定数值。

➢　【在点上】：通过【捕捉点】选项为圆弧的起始限制或终止限制指定点。

➢　【直至选定】：用于在所选对象的限制处开始或结束圆弧。

2）【整圆】：用于将圆弧指定为完整的圆。

3）【补弧】：用于创建圆弧的补弧。

3.2　复杂曲线

复杂曲线指非基本曲线，即除直线、圆和圆弧曲线以外的曲线，包括艺术样条、二次曲线、

螺旋线和规律曲线等。复杂曲线是建立复杂实体模型的基础,在本节中将介绍一些较为复杂的特殊曲线的创建和操作方法。

3.2.1　抛物线

选择【菜单】→【插入】→【曲线】→【抛物线】选项,弹出【点】对话框。输入抛物线顶点,单击【确定】按钮,弹出如图 3-15 所示的对话框。在该对话框中输入用户所需的数值,单击【确定】按钮,完成抛物线的创建,如图 3-16 所示。

图 3-15　【抛物线】对话框

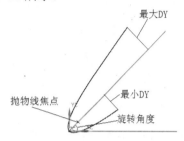

图 3-16　创建抛物线

3.2.2　双曲线

选择【菜单】→【插入】→【曲线】→【双曲线】选项,弹出【点】对话框。输入双曲线中心点,弹出如图 3-17 所示的对话框。在该对话框中输入用户所需的数值,单击【确定】按钮,创建双曲线,如图 3-18 所示。

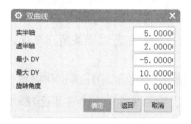

图 3-17　【双曲线】对话框

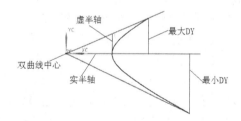

图 3-18　创建双曲线

3.2.3　艺术样条

执行【菜单】→【插入】→【曲线】→【艺术样条】命令,弹出如图 3-19 所示的对话框。UG 中生成的所有样条都是非均匀有理 B 样条。

(1)【类型】下拉列表　系统提供了【通过点】和【根据极点】两种方法来创建艺术样条。

1)【根据极点】:该选项中所给定的数据点称为曲线的极点或控制点。样条曲线靠近它的各个极点,但通常不通过任何极点(端点除外)。使用极点可以对曲线的总体形状和特征进行更好的控制。该选项还有助于避免曲线中多余的波动(曲率反向),如图 3-19 所示。

2)【通过点】:利用选项生成的样条将通过一组数据点,如图 3-20 所示。

(2)【点位置】或【极点位置】选项组　用于定义样条点或极点位置。

图 3-19 【艺术样条】对话框　　　　图 3-20 【通过点】类型【艺术样条】对话框

（3）【参数化】选项组　用于调节曲线类型和次数以改变样条。

1）【单段】：样条可以生成为【单段】，每段限制为 25 个点。【单段】样条为 Bezier 曲线；

2）【封闭】：通常样条是非闭合的，它们开始于一点，而结束于另一点。通过选择【封闭】复选框，可以生成开始和结束于同一点的封闭样条。该选项仅可用于多段样条。当生成封闭样条时，不必将第一个点指定为最后一个点，样条会自动封闭。

3）【次数】：这是一个代表定义曲线的多项式次数的数学概念。次数通常比样条线段中的点数小 1。因此，样条的点数不得少于次数。UG 样条的次数必须介于 1～24 之间，但是建议用户在生成样条时使用三次曲线（次数为 3）。

（4）【制图平面】选项组　在该选项组中可以选择和创建艺术样条所在平面，可以绘制指定平面的艺术样条。

（5）【移动】选项组　用于在指定的方向上或沿指定的平面移动样条点和极点。

1）【WCS】：在工作坐标系的指定 X、Y 或 Z 方向上或沿 WCS 的一个主平面移动点或极点。

2）【视图】：相对于视图平面移动极点或点。

3）【矢量】：用于定义所选极点或多段线的移动方向。

4）【平面】：选择一个基准平面、基准 CSYS 或使用指定平面来定义一个平面，以在其中移动选定的极点或多段线。

5）【法向】：沿曲线的法向移动点或极点。

（6）【延伸】选项组

1）【对称】：勾选此复选框，在所选样条的指定开始和结束位置上展开对称延伸。

2）【起点/终点】：①【无】，不创建延伸；②【按值】，用于指定延伸的值；③【按点】，用于定义延伸的延展位置。

（7）【设置】选项组

1）【自动判断的类型】：①【等参数】，将约束限制为曲面的 U 向和 V 向；②【截面】，允许约束同任何方向对齐；③【法向】，根据曲线或曲面的正常法向自动判断约束；④【垂直于曲线或边】，从点附着对象的父级自动判断 G1、G2 或 G3 约束。

2）【固定相切方位】：勾选此复选框，与邻近点相对的约束点的移动就不会影响方位，并且方向保留为静态。

 提示

应尽可能使用较低阶次的曲线（3、4 或 5）。应使用默认阶次 3。单段曲线的阶次取决于其指定点的数量。

若要生成【通过点】的样条，有以下的常规操作步骤。

1）设置【通过点】对话框中的参数，然后在 YC-ZC 平面内选择 3 个数据点，绘制艺术样条，如图 3-21 所示。

2）在【制图平面】选项组中选择【平面】选项 ，在弹出的【平面】对话框中选择 XC-ZC 平面，距离为原点到第 3 个数据点的 Y 向距离，如图 3-22 所示。

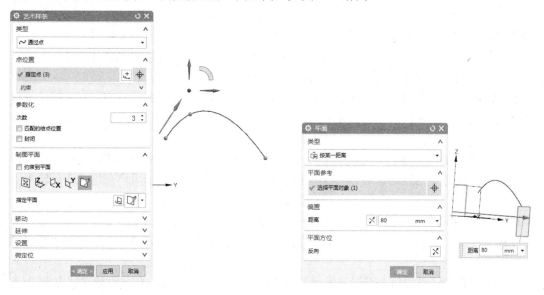

图 3-21　利用【通过点】绘制艺术样条　　　　图 3-22　【平面】对话框

3）平面创建完成后再选择 3 个数据点，绘制艺术样条，绘制结果如图 3-23 所示。

3.2.4　规律曲线

执行【菜单】→【插入】→【曲线】→【规律曲线】命令，即可弹出如图 3-24 所示的对话框。

图 3-23　绘制结果

以下对该对话框中各选项的功能做一说明。

1）【恒定】 ：选择该选项，能够给整个规律功能定义一个常数值。系统提示用户只输入一个规律值（即该常数），如图 3-25 所示。

2）【线性】⊵：选择该选项，能够定义从起点到终点的线性变化率，如图3-26所示。

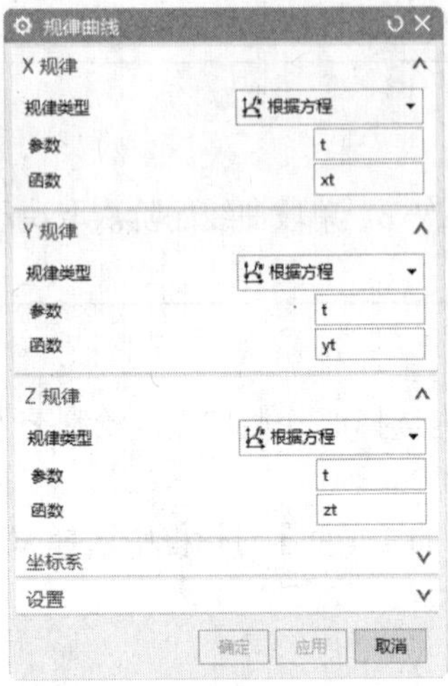

图3-24　【规律曲线】对话框 　　　图3-25　【恒定】选项　　　图3-26　【线性】选项

　　　　　　　　　　　　　　　　　【规律曲线】对话框　　　【规律曲线】对话框

3）【三次】⊵：选择该选项，能够定义从起点到终点的三次变化率。

4）【沿脊线的线性】⊵：选择该选项，能够使用两个或多个沿着脊线的点定义线性规律功能。选择一条脊线曲线后，可以沿该曲线指出多个点，系统会提示用户在每个点处输入一个值。

5）【沿脊线的三次】⊵：选择该选项，能够使用两个或多个沿着脊线的点定义三次规律功能。选择一条脊线曲线后，可以沿该脊线指出多个点，系统会提示用户在每个点处输入一个值。

6）【根据方程】⊵：选择该选项，可以用表达式和参数表达式变量来定义规律。必须事先定义所有变量，变量定义可以使用【菜单】→【工具】→【表达式】来定义，并且方程必须使用参数表达式变量 t。

在这个表格中，点的每个坐标被表达为一个单独参数的一个功能 t。系统在从 0 到 1 的格式化范围中使用默认的参数表达式变量 t（$0 \leqslant t \leqslant 1$）。在表达式编辑器中，可以初始化 t 为任何值。因为系统使 t 从 0～1 变化。为了简单起见，初始化 t 为 0。

7）【根据规律曲线】⊵：选择一条已存在的光滑曲线定义规律函数。在选择了这条曲线后，系统还需用户选择一条直线作为基线，为规律函数定义一个矢量方向。如果用户未指定基线，则系统会默认选择绝对坐标系的 X 轴作为规律曲线的矢量方向。

【例 3-1】根据抛物线方程创建抛物线。

1）新建一个文件 paowuxian.prt，单位为 mm。进入建模环境后，根据下面给出的抛物线方程，创建表达式。

$$y=2-0.25x^2$$

可以在表达式编辑器中使用 t、xt、yt 和 zt 来确定这个公式的参数：

$$t=0$$

$$xt = -sqrt（8）*（1-t）+sqrt（8）*t$$

$$yt = 2-0.25*xt^2$$

$$zt = 0$$

使用 t、xt、yt 和 zt 是因为在【根据公式】选项中使用了默认变量名。

2）选择【菜单】→【工具】→【表达式】选项，弹出【表达式】对话框。在其中输入每个确定了参数值的表达式，如图 3-27 所示。单击【确定】按钮，完成设置。

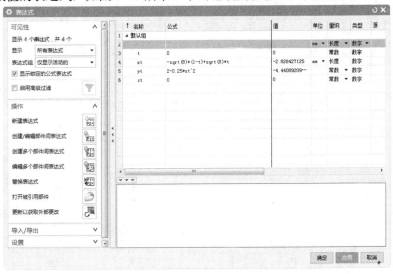

图 3-27　创建表达式

3）选择【菜单】→【插入】→【曲线】→【规律曲线】选项，弹出【规律曲线】对话框。【规律类型】选择【根据方程】，如图 3-28 所示。单击【确定】按钮，创建抛物线，如图 3-29 所示。

图 3-28　选择【根据方程】选项

图 3-29　根据方程创建抛物线

3.2.5　螺旋线

执行【菜单】→【插入】→【曲线】→【螺旋】命令，即可弹出如图 3-30 所示的对话框。利用该对话框，能够通过定义方位、螺距、大小（规律或恒定）、长度（规律或恒定）和旋转方向创建螺旋线，如图 3-31 所示。

以下就【螺旋】对话框中部分选项的功能做简单介绍。

图 3-30　【螺旋】对话框

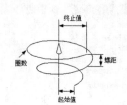

图 3-31　创建螺旋线

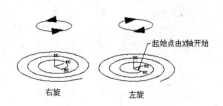

图 3-32　旋转方向示意

1）【类型】：包括【沿矢量】和【沿脊线】两种类型。

2）【方位】：用于设置螺旋线指定方向的偏转角度。

3）【大小】：用于指定半径或直径的定义方式。可通过【规律类型】来定义值的大小。

4）【规律类型】：能够使用规律函数来控制螺旋线的半径变化。

5）【螺距】：用于设置相邻的圈之间沿螺旋轴方向的距离，能够使用规律函数来控制螺距的变化。螺距必须大于或等于 0。

6）【长度】：该选项组用于控制螺旋线的长度，可用【圈数】和【限制】两种方法。圈数必须大于 0，可以接受小于 1 的值（如 0.5 可生成半圈螺旋线）。

7）【旋转方向】：用于控制旋转的方向。

➤　【右手】：螺旋线起始于基点向右卷曲（逆时针方向）。

➤　【左手】：螺旋线起始于基点向左卷曲（顺时针方向）。

旋转方向示意如图 3-32 所示。

3.3　曲　线　操　作

一般情况下，曲线创建完成后并不能满足用户需求，还需要进一步的处理工作，本节将进一步介绍曲线的操作功能，如简化、偏置、桥接、连接、截面和沿面偏置等，其大部分命令集中【菜单】→【插入】→【派生曲线】子菜单中，如图 3-33 所示。

3.3.1　偏置

执行【菜单】→【插入】→【派生曲线】→【偏置】命令，或者选择【曲线】→【派生曲线】→【偏置】选项，在选择要偏置的曲线后，即可弹出如图 3-34 所示的对话框。

利用该对话框，能够通过对原先对象偏置的方法创建直线、圆弧、二次曲线、样条和边。偏置曲线是通过垂直于选择曲线上的点来构造的。可以选择是否使偏置曲线与其输入数据相关联。

曲线可以在选择几何体所确定的平面内偏置，也可以使用偏置【角度】和【高度】选项将其偏置到一个平行的平面上。只有当多条曲线共面且为连续的线串（即端端相连）时，才能对其进行偏置。结果曲线的对象类型与它们的输入曲线相同（除了二次曲线，它偏置为样条）。以下对【偏置曲线】对话框中部分选项的功能做一简单介绍。

（1）【偏置类型】下拉列表

1）【距离】：该选项指在选择曲线的平面上偏置曲线，并在其下方的【距离】和【副本数】中设置偏置距离和产生的数量。

2）【拔模】：该选项指在平行于选择曲线平面并与其相距指定距离的平面上偏置曲线。一个平面符号标记出偏置曲线所在的平面，并在其下方的【高度】和【角度】中设置其数值。拔模的基本思路是将曲线按照指定的【角度】偏置到与曲线所在平面相距【高度】的平面上。其中，拔模角度是偏置方向与原曲线所在平面的法向夹角。

图 3-35 所示为利用【拔模】偏置类型创建偏置曲线的一个示例，其中【高度】为 50，【角度】为 15°。

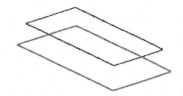

图 3-33　【派生曲线】子菜单　　　图 3-34　【偏置曲线】对话框　　　图 3-35　利用【拔模】创建偏置曲线

3）【规律控制】：该选项指在规律定义的距离上偏置曲线，该规律是用规律子功能选项对话框指定的。

4）【3D 轴向】：该选项指在指向原曲线平面的矢量方向以恒定距离对曲线进行偏置，并在其下方的【偏置距离】和【轴矢量】中进行设置。

（2）【偏置】选项组

1）【距离】：指在箭头矢量指示的方向上与选择曲线之间的偏置距离。负的距离值表示将在反方向上偏置曲线。

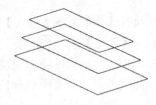

2）【副本数】：利用该选项能够构造多组偏置曲线，如图 3-36 所示。每组偏置曲线都是将前一组曲线偏置一个指定的距离而产生的。

3）【反向】：该选项用于反转箭头矢量标记的偏置方向。

图 3-36　利用【副本数】创建偏置曲线

（3）【设置】选项组

1）【关联】：如果勾选此复选框，则偏置曲线会与输入曲线和定义数据相关联。

2）【输入曲线】：利用该下拉列表中的选项能够指定对原先曲线的处理情况。对于关联曲线，某些选项不可用。

➢ 　【保留】：在创建偏置曲线时，保留输入曲线。

➢ 　【隐藏】：在创建偏置曲线时，隐藏输入曲线。

➢ 　【删除】：在创建偏置曲线时，删除输入曲线。如果勾选【关联】复选框，则该选项会变为灰色。

➢ 　【替换】：该操作类似于移动操作，输入曲线被移至偏置曲线的位置。如果勾选【关联】复选框，则该选项不能用。

3）【修剪】：该选项的下拉列表用于选择将偏置曲线修剪或延伸到它们交点处的方式。

➢ 　【无】：既不修剪偏置曲线，也不将偏置曲线倒成圆角。

➢ 　【相切延伸】：将偏置曲线延伸到它们的交点处。

➢ 　【圆角】：用于构造与每条偏置曲线的终点相切的圆弧。圆弧的半径等于偏置距离。图 3-37 所示为利用【圆角】创建的偏置曲线。如果生成重复的偏置（即只选择【应用】而不更改任何输入），则圆弧的半径每次都会增加一个偏置距离。

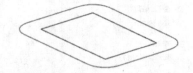

图 3-37　利用【圆角】创建偏置曲线

4）【距离公差】：当输入曲线为样条或二次曲线时，可确定偏置曲线的精度。

　提示

【应用】按钮和【确定】按钮的效果差异：【应用】可以在不退出对话框的前提下，按照前次设置的数值进行多次操作；【确定】仅执行一次操作并关闭对话框。

【例 3-2】创建偏置曲线。

新建一个文件 pianzhi.prt，单位为 mm。进入建模环境后，执行【文件】→【首选项】→【背

景】命令，将背景设置为白色。单击【曲线】功能区中的【在任务环境中绘制草图】按钮，
或者执行【菜单】→【插入】→【在任务环境中绘制草图】命令，弹出【创建草图】对话框。
在该对话框中将【平面方法】设置为【自动判断】，单击【确定】
按钮，进入草图绘制环境。

　　1）选择【主页】→【曲线】→【圆】选项○，以原点为圆心，
绘制直径为 80 的圆，再以圆心为起点，绘制 5 条直线，如图 3-38
所示。

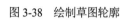

图 3-38　绘制草图轮廓

　　2）选择【主页】→【约束】→【快速尺寸】选项和【约束】
选项，对 5 条直线进行约束，使其夹角为 72°，如图 3-39 所示。
如果出现过约束情况，在绘制完直线后可删除不再需要的约束。

　　3）选择【主页】→【曲线】→【直线】选项，顺次连接各个直线，绘制出五角星的外
形，如图 3-40 所示。选择【主页】→【曲线】→【快速修剪】选项，完成最后的修整，如
图 3-41 所示。单击【完成】按钮，退出草图绘制环境。

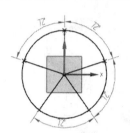

图 3-39　图形约束

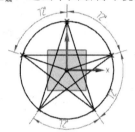

图 3-40　绘制出五角星的外形

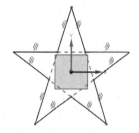

图 3-41　完成五角星绘制

　　4）执行【菜单】→【插入】→【派生曲线】→【偏置】命令，弹出【偏置曲线】对话框，
如图 3-42 所示。在该对话框中设置【距离】为 5，【副本数】为 1，【修剪】为【圆角】，选
择视图中的所有曲线，将偏置方向通过【反向】进行调整，如图 3-43 所示。单击【确定】按钮，
创建偏置曲线，如图 3-44 所示。

图 3-42　【偏置曲线】对话框

图 3-43　设置偏置方向

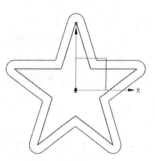

图 3-44　创建偏置曲线

5）执行【菜单】→【插入】→【设计特征】→【拉伸】命令，弹出【拉伸】对话框。在状态栏的【曲线规则】中选择【相连曲线】，如图 3-45 所示。在【拉伸】对话框中设置【结束】的【距离】为 25；在【偏置】下拉列表中选择【两侧】选项，设置【开始】的【距离】为 5，【结束】的【距离】为 10，如图 3-46 所示。单击【确定】按钮，完成曲线拉伸操作，拉伸创建实体，如图 3-47 所示。

图 3-45　设置拾取曲线方式　　　　图 3-46　【拉伸】对话框　　　　图 3-47　拉伸创建实体

3.3.2　在面上偏置

执行【菜单】→【插入】→【派生曲线】→【在面上偏置】命令，或者选择【曲线】→【派生曲线】→【在面上偏置曲线】选项 ，即可弹出如图 3-48 所示【在面上偏置曲线】对话框。以下对其中部分选项的功能做一介绍。

1）【偏置法】：其下拉列表中包括以下选项。

➤ 【弦】：沿曲线弦长偏置。

➤ 【弧长】：沿曲线弧长偏置。

➤ 【测地线】：沿曲面最小距离创建。

➤ 【相切】：沿曲面的切线方向创建。

➤ 【投影距离】：沿投影距离偏置。

2）【公差】：该选项用于设置偏置曲线公差。公差值决定了偏置曲线与被偏置曲线的相似程度，选用默认值即可。

图 3-49 所示为【在面上偏置曲线】示意。

3.3.3　桥接

执行【菜单】→【插入】→【派生曲线】→【桥接】命令，或者选择【曲线】→【派生曲线】→【桥接曲线】选项，即可弹出如图 3-50 所示的对话框。

图 3-48　【在面上偏置曲线】　　图 3-49　【在面上偏置曲线】示意　　图 3-50　【桥接曲线】对话框
　　　　对话框

利用该对话框可以桥接两条不同位置的曲线，边也可以作为曲线来选择，这是用户在曲线连接中最常用的方法。以下对该对话框中各选项的功能做一介绍。

（1）【起始对象】　该选项组用于确定桥接曲线操作的起点对象。

（2）【终止对象】　该选项组用于确定桥接曲线操作的终点对象。

（3）【连续性】　该下拉列表中的选项能够指定用于构造桥接曲线的连续方式。

1）【位置】　表示桥接曲线与第一条曲线、第二条曲线在连接点处连接不相切，且为三阶样条曲线。

2）【相切】　表示桥接曲线与第一条曲线、第二条曲线在连接点处连接相切，且为三阶样条曲线。

3）【曲率】　表示桥接曲线与第一条曲线、第二条曲线在连接点处曲率连续，且为五阶或七阶样条曲线。

4）【流】　表示桥接曲线与第一条曲线、第二条曲线在连接点处沿流线变化，且为五阶或七阶样条曲线。

（4）【位置】　移动滑尺上的滑块，确定点在线上百分比位置。

（5）【方向】　基于所选几何体定义曲线方向。

（6）【约束面】　该选项组用于限制桥接曲线所在的面。

（7）【半径约束】　该选项组用于限制桥接曲线的半径类型和大小。

（8）【形状控制】　该选项组用于控制桥接曲线的形状。

在【方法】下拉列表中包括以下几个选项。

1）【相切幅值】：通过改变桥接曲线与第一条曲线和第二条曲线连接点的切矢量值来控制桥接曲线的形状。切矢量值的改变是通过【开始】滑块和【结束】滑块或直接在【开始】文本框和【结束】文本框中输入切矢量值来实现的。

2）【深度和歪斜度】：当选择该控制方法时，【形状控制】选项组如图 3-51 所示。

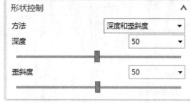

图 3-51　【形状控制】选项组

➢ 【歪斜度】：指桥接曲线峰值点的倾斜度，即设定沿桥接曲线从第一条曲线向第二条曲线度量时峰值点位置的百分比。

➢ 【深度】：指桥接曲线峰值点的深度，即影响桥接曲线形状的曲率的百分比，其值可通过拖动下方的滑块或直接在【深度】文本框中输入百分比实现。

3）【模板曲线】：用于选择控制桥接曲线形状的参考样条曲线，是桥接曲线继承选定参考曲线的形状。

3.3.4　简化

执行【菜单】→【插入】→【派生曲线】→【简化】命令，或者选择【曲线】→【派生曲线】→【简化曲线】选项，即可弹出如图 3-52 所示的对话框。简化曲线是以一条最合适的逼近曲线来简化一组选择曲线（最多可选择 512 条曲线），它将这组曲线简化为圆弧或直线的组合，即将高次方曲线降为二次或一次方曲线。

图 3-52　【简化曲线】对话框

在简化选择曲线之前，可以指定原有曲线在转换之后的状态，也可以选择下列选项之一对原有曲线进行相应操作。

1）【保持】：在生成直线和圆弧之后保留原有曲线。在选择曲线的上方生成曲线。

2）【删除】：简化之后删除选择的曲线。删除选择曲线之后，不能再恢复。如果选择"撤销"，可以恢复原有曲线但不再被简化。

3）【隐藏】：生成简化曲线之后，将选择的原有曲线从屏幕上移除，但并未被删除。

若要选择的多组曲线彼此首尾相连，则可以选择其中的【成链】选项，通过第一条和最后一条曲线来选择期间彼此连接的一组曲线，之后系统将对其进行简化操作。

3.3.5　复合曲线

执行【菜单】→【插入】→【派生曲线】→【复合曲线】命令，或者选择【曲线】→【派

生曲线】→【复合曲线】选项 ，即可弹出如图 3-53 所示的对话框。利用该对话框可从工作
部件中抽取曲线和边。抽取的曲线和边随后会在添加倒斜角
和圆角等详细特征后保留。

图 3-53　【复合曲线】对话框

以下就其中各选项的功能做一介绍。

1.【曲线】选项组

1）【选择曲线】：用于选择要复合的曲线。

2）【指定原始曲线】：用于从该曲线环中指定原始曲线。

2.【设置】选项组

1）【关联】：勾选该复选框，创建关联复合曲线特征。

2）【隐藏原先的】：勾选该复选框，当创建复合曲线
特征时，隐藏原始曲线。如果原始几何体是整个对象，则不
能隐藏实体边。

3）【允许自相交】：勾选该复选框，用于选择自相交
曲线作为输入曲线。

4）【高级曲线拟合】：勾选该复选框，用于指定方法、次数和段数。

➤ 　【方法】：控制输出曲线的参数设置。可用选项有：

• **次数和段数**—显式控制输出曲线的参数设置。

• **次数和公差**—使用指定的次数及所需数量的非均匀段达到指定的公差值。

• **保留参数化**—使用此选项可继承输入曲线的次数、段数、极点节构和节点结构，然后
将其应用于输出曲线。

• **自动拟合**—可以指定最低次数、最高次数、最大段数和公差值，以控制输出曲线的参
数设置。此选项替换了之前版本中可用的高级选项。

➤ 　【次数】：当方法为次数和段数或次数和公差时可用。用于指定曲线的次数。

➤ 　【段数】：当方法为次数和段数时可用。用于指定曲线的段数。

➤ 　【最低次数】：当方法为自动拟合时可用。用于指定曲线的最低次数。

➤ 　【最高次数】：当方法为自动拟合时可用。用于指定曲线的最高次数。

➤ 　【最大段数】：当方法为自动拟合时可用。用于指定曲线的最大段数。

5）【连结曲线】：用于指定是否要将复合曲线的线段连接成单条曲线。

➤ 　【否】：不连接复合曲线段。

➤ 　【三次】：连接输出曲线以形成 3 次多项式样条曲线。使用此选项可最小化结点数。

➤ 　【常规】：连接输出曲线以形成常规样条曲线。创建可精确表示输入曲线的样条。此
选项可以创建次数高于三次或五次类型的曲线。

➤ 　【五次】：连接输出曲线以形成 5 次多项式样条曲线。

6）【使用父对象的显示属性】：勾选该复选框，将对复合对象的显示属性所做的更改反
映给通过 WAVE 几何链接器与其链接的任何子对象。

3.3.6　相交

执行【菜单】→【插入】→【派生曲线】→【相交】命令，或者选择【曲线】→【派生曲

线】→【相交曲线】选项 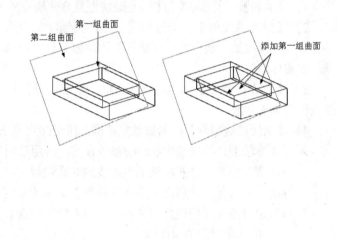，即可弹出如图 3-54 所示的对话框。利用该对话框可以在两组对象之间创建相交曲线。相交曲线是关联的，会根据其定义对象的更改而更新。图 3-55 所示为创建相交曲线的一个示例，其中相交曲线是由片体与包含腔体的长方体相交而得到的。【相交曲线】对话框中各选项的功能如下所述。

图 3-54 【相交曲线】对话框　　　　　　　　　　　图 3-55 创建相交曲线

1）【第一组】：激活该选项时可选择第一组对象。

2）【第二组】：激活该选项时可选择第二组对象。

3）【保持选定】：勾选复选框后，在右侧的选项栏中选择【第一组】或【第二组】，在单击【应用】按钮后，自动选择已选择的【第一组】或【第二组】对象。

4）【指定平面】：用于设定第一组或第二组对象的选择范围为平面或参考面或基准面。

5）【关联】：能够指定相交曲线是否关联。勾选该复选框，当对源对象进行更改时，关联的相交曲线会自动更新。

6）【高级曲线拟合】：用于设置曲线拟合的方式。包括【次数和段数】、【次数和公差】和【自动拟合】3 中拟合方式。

【例 3-3】创建相交曲线。

新建一个文件 xiangjiao.prt，单位为 mm。进入建模环境后，执行【文件】→【首选项】→【背景】命令，将背景设置为白色。单击【曲线】功能区中的【在任务环境中绘制草图】按钮 ，或者执行【菜单】→【插入】→【在任务环境中绘制草图】命令，弹出【创建草图】对话框。设置【平面方法】为【自动判断】，单击【确定】按钮，进入草图绘制环境。

1）选择【主页】→【曲线】→【艺术样条】选项 ，或者执行【菜单】→【插入】→【曲线】→【艺术样条】命令，在草图上绘制两条样条。样条次数为 3 次，利用【通过点】方式创建艺术样条，如图 3-56 所示。单击按钮 ，退出草图绘制环境。

2）绘制两个圆，分别垂直于两样条曲线的端点处的切矢。首先调整坐标系，执行【菜单】→【格式】→【WCS】→【定向】命令，系统弹出【坐标系】对话框，如图 3-57 所示。选择其中的【点，垂直于曲线】选项 ，选择一样条曲线，然后选择其端点，如图 3-58 所示。单击【确定】按钮，完成坐标系创建。

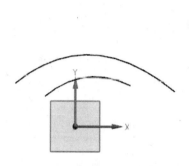

图 3-56　绘制艺术样条　　　　　图 3-57　【坐标系】对话框　　　　　图 3-58　选择曲线和端点

3）完成坐标系的创建后，执行【菜单】→【插入】→【曲线】→【圆弧/圆】命令，弹出【圆弧/圆】对话框。在【类型】下拉列表中选择【从中心开始的圆弧/圆】选项，勾选【整圆】复选框，捕获艺术样条的端点为圆心；在【终点选项】下拉列表中选择【半径】选项，在【半径】文本框中输入 30，在【平面选项】下拉列表中选择【选择平面】选项，在【指定平面】下拉列表中选择 XC-YC 平面，单击【确定】按钮，完成半径为 30 圆的创建，如图 3-59 所示。以同样方法创建另一个圆，半径也是 30，如图 3-60 所示。

4）完成扫掠体的创建。执行【菜单】→【插入】→【扫掠】→【沿引导线扫掠】命令，依次选择圆为截面线串，再选择艺术样条为引导线，单击【确定】按钮，创建扫掠体，如图 3-61 所示。

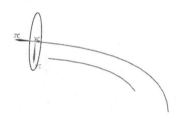

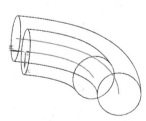

图 3-59　创建半径为 30 的圆　　　　图 3-60　创建另一个圆　　　　图 3-61　创建扫掠体

5）编辑圆弧曲线，使扫掠体半径变小些。执行【菜单】→【编辑】→【曲线】→【参数】命令，弹出【编辑曲线参数】对话框，如图 3-62 所示。单击【选择曲线】按钮 ，选择圆弧，弹出【圆弧/圆】对话框。在【半径】文本框中将 30 更改为 20，并按<Enter>键以确认修改，如图 3-63 所示。单击【确定】按钮，完成修改。按同样的方法修改另一圆弧。

6）创建相交曲线。执行【菜单】→【插入】→【派生曲线】→【相交】命令，依次选择第一组对象和第二组对象，如图 3-64 所示，单击【确定】按钮，完成相交曲线的创建，如图 3-65 所示。

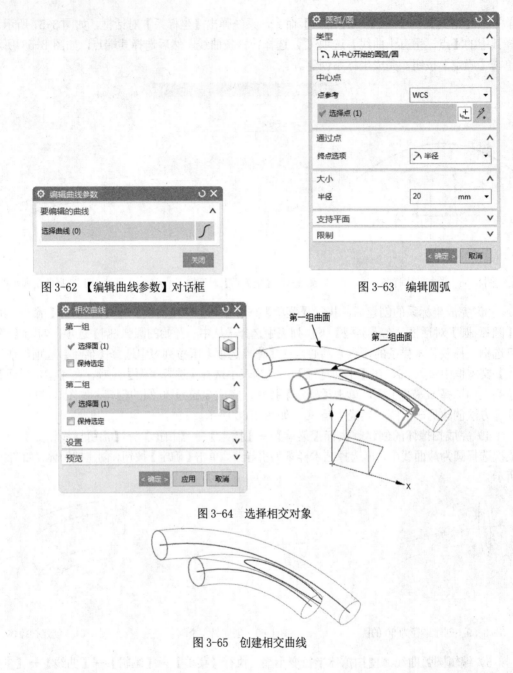

图 3-62 【编辑曲线参数】对话框

图 3-63 编辑圆弧

图 3-64 选择相交对象

图 3-65 创建相交曲线

3.3.7 投影

执行【菜单】→【插入】→【派生曲线】→【投影】命令，或者选择【曲线】→【派生曲线】→【投影】选项，即可弹出如图 3-66 所示的对话框。利用该对话框能够将曲线和点投影到片体、面、平面和基准面上。点和曲线可以沿着指定矢量方向、与指定矢量成某一角度的方向、指向特定点的方向或沿着面法线的方向进行投影。所有投影曲线在孔或面边界处都要进行修剪。

以下对该对话框中各选项的功能做一介绍。

1)【选择曲线或点】：该选项用于选择需要投影的曲线或点。

2)【指定平面】：该选项用于确定投影所在的表面或平面。

3)【方向】：该选项用于指定将对象投影到片体、面和平面上时所使用的方向。

➢　【沿面的法向】：该选项用于沿着面和平面的法向投影对象，如图 3-67 所示。

➢　【朝向点】：利用该选项可向一个指定点投影对象。对于投影的点，可以在选择的点与投影点之间的直线上获得交点，如图 3-68 所示。

➢　【朝向直线】：利用该选项可沿垂直于一指定直线或基准轴的矢量投影对象。对于投影的点，可以在通过选择的点垂直于与指定直线的直线上获得交点，如图 3-69 所示。

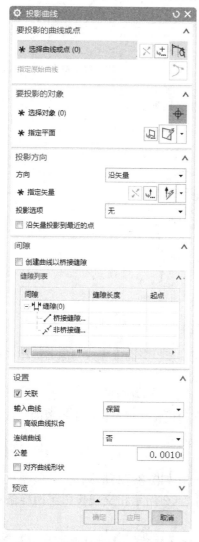

图 3-66　【投影曲线】对话框

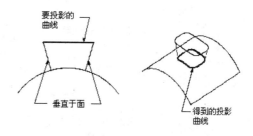

图 3-67　利用【沿面的法向】创建投影曲线

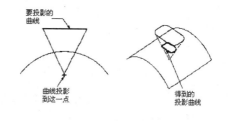

图 3-68　利用【朝向点】创建投影曲线

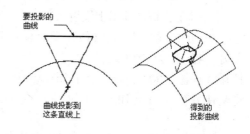

图 3-69　利用【朝向直线】创建投影曲线

➢　【沿矢量】：利用该选项可沿指定矢量（该矢量是通过矢量构造器定义的）投影选择的对象。可以在该矢量指示的单个方向上投影曲线，或者在两个方向上（指示的方向和它的反方向）投影，如图 3-70 所示。

> 【与矢量成角度】：利用该选项可将选择的曲线按与指定矢量成指定角度的方向投影，该矢量是使用矢量构造器定义的。根据选择的角度值（向内的角度为负值），该投影可以相对于曲线的近似质心按向外或向内的角度生成。对于点的投影，该选项不可用，如图 3-71 所示。

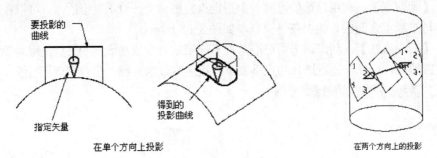

图 3-70　利用【沿矢量】创建投影曲线

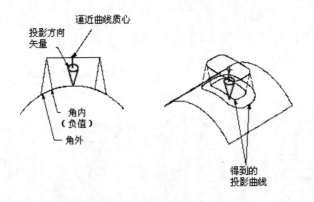

图 3-71　利用【与矢量成角度】创建投影曲线

4）【关联】：勾选该复选框，表示原曲线保持不变，在投影面上生成与原曲线相关联的投影曲线，只要原曲线发生变化，随之投影曲线也发生变化。

5）【高级曲线拟合】：勾选该复选框，用于指定方法、次数和段数。

6）【公差】：该选项用于设置公差，其默认值是在建模预设置对话框中设置的。该公差值决定所投影的曲线与被投影曲线在投影面上的投影相似程度。

【例 3-4】创建投影曲线。

打开随书电子资料：yuanwenjian\3\ xiangjiao.prt，如图 3-72 所示。

将文件另存为 touying.prt 文件，本次操作将图 3-72 所示相交线投影至两样条所在平面。

1）创建两样条所在平面。执行【菜单】→【插入】→【基准/点】→【基准平面】命令，系统弹出【基准平面】对话框。选择【类型】为【曲线和点】，【子类型】为【三点】，在两样条上选择 3 个不同点，即可创建一平面，如图 3-73 所示。完成创建后单击【取消】按钮，退出平面构造器。

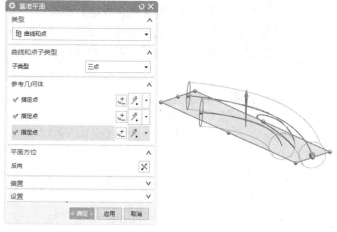

图 3-73　创建平面

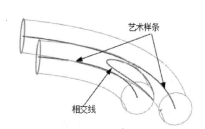

图 3-72　xiangjiao.prt 示意图

2）执行【菜单】→【编辑】→【显示和隐藏】→【隐藏】命令，弹出【类选择】对话框。单击【类型过滤器】按钮，弹出【按类型选择】对话框。选择【实体】项，单击【确定】按钮返回【类选择】对话框。单击【全选】按钮，单击【确定】按钮，调整显示对象，如图 3-74所示。

3）执行【菜单】→【插入】→【派生曲线】→【投影】命令，弹出如图 3-75 所示的【投影曲线】话框。选择图 3-72 中的相交线为要投影的曲线，然后选择创建的平面；【投影方向】设置为【沿面的法向】，单击【确定】按钮，完成操作，如图 3-76 所示。

图 3-75　【投影曲线】对话框

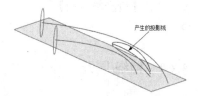

图 3-74　调整显示对象　　　　图 3-76　创建投影曲线

3.3.8　组合投影

执行【菜单】→【插入】→【派生曲线】→【组合投影】命令，或者选择【曲线】→【派生曲线】→【派生曲线】库中的【组合投影】选项，弹出如图 3-77 所示的对话框。

利用该对话框可组合两个已有曲线的投影，创建一条新的曲线。需要注意的是，这两个曲线投影必须相交。可以指定新曲线是否与输入曲线关联，以及将对输入曲线做哪些处理，如图 3-78 所示。

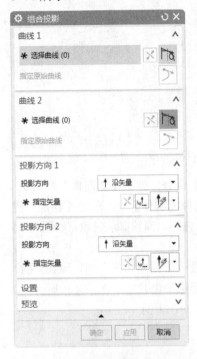

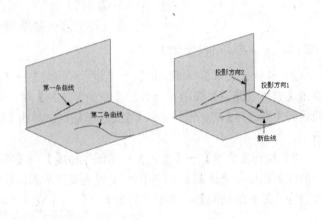

图 3-77 【组合投影】对话框　　　　　　　　　　图 3-78　创建组合投影

以下对该对对话框中主要选项组的功能做一介绍。

1)【曲线 1】：当该选项组激活时，可以选择第一组曲线。可用【过滤器】选项帮助选择曲线。

2)【曲线 2】：当该选项组激活时，可以选择第二组曲线。可用【过滤器】选项帮助选择曲线。

3)【投影方向 1】：当该选项组被激活时，能够使用【投影方向】选项定义【曲线 1】的投影矢量。

4)【投影方向 2】：当该选项组激活时，能够使用投影方向选项定义【曲线 2】的投影矢量。

3.3.9　缠绕/展开

执行【菜单】→【插入】→【派生曲线】→【缠绕/展开曲线】命令，或者选择【曲线】→【派生曲线】→【派生曲线】库中的【缠绕/展开曲线】选项，弹出如图 3-79 所示的【缠绕/展开曲线】对话框。利用该对话框可以将曲线从平面缠绕到圆锥或圆柱面上，或者将曲线从圆锥或圆柱面展开到平面上。输出曲线是 3 次 B 样条，并且与其输入曲线、定义面和定义平面相关。图 3-80 所示为将样条缠绕到圆锥面上。

1）【类型】：用于选择缠绕/展开曲线的类型。其下拉列表中包括以下选项。

➢　【缠绕】：指定要缠绕曲线。

➢　【展开】：指定要展开曲线。

2）【曲线或点】：用于选择要缠绕或展开的曲线或点。

图 3-79　【缠绕/展开曲线】对话框

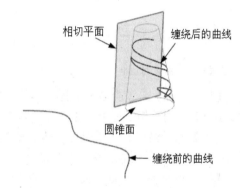

图 3-80　将样条缠绕到圆锥面上

3）【面】：可选择曲线将缠绕到或在其上展开的圆锥面或圆柱面。可选择多个面。

4）【平面】：可选择一个与缠绕面相切的基准平面或平面。仅选择基准面或仅选择面。

5）【切割线角度】：该选项用于指定切线（一条假想直线，位于缠绕面和缠绕平面相遇的公共位置处。它是一条与圆锥或圆柱轴线共面的直线）绕圆锥或圆柱轴线旋转的角度（0°～360°之间），可以输入数字或表达式。

3.3.10　截面

执行【菜单】→【插入】→【派生曲线】→【截面】命令，或者选择【曲线】→【派生曲线】→【派生曲线】库中的【截面曲线】选项，弹出如图 3-81 所示的对话框。利用该对话框在指定平面与体、面、平面和/或曲线之间生成相交几何体。平面与曲线之间相交生成一个或多个点。几何体输出可以是相关的，如图 3-82 所示。以下对该对话框中部分选项的功能做一介绍。

（1）【选定的平面】　该类型用于指定单独平面或基准平面来作为截面。

1）【要剖切的对象】：该选项组用来选择将被截取的对象。需要时，可以使用【过滤器】选项辅助选择所需对象。可以将【过滤器】选项设置为任意、体、面、曲线、平面或基准平面。

2）【剖切平面】：该选项组用于选择已有平面或基准平面，或者使用平面子功能定义临时平面。需要注意的是，如果打开【关联输出】，则平面子功能不可用，此时必须选择已有平面。

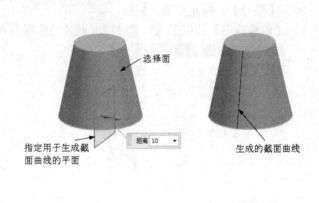

图 3-81　【截面曲线】对话框　　　　　　　　　　图 3-82　创建截面曲线

（2）【平行平面】　该类型用于指定单独平面或基准平面来作为截面，如图 3-83 所示。

1）【步进】：用于指定每个临时平行平面之间的相互距离。

2）【起点】和【终点】：它们是从基本平面测量的，正距离为显示的矢量方向。系统将生成适合指定限制的平面数。这些输入的距离值不必恰好是步长距离的偶数倍。

（3）【径向平面】　该类型从一条普通轴开始以扇形展开生成按等角度间隔的平面，以用于选择体、面和曲线的截取。当激活该选项后，在指定不同选择步骤时，对话框在可变窗口区会变更为如图 3-84 所示。

1）【径向轴】：该选项组用于定义径向平面绕其旋转的轴矢量。若要指定轴矢量，可使用【矢量】对话框或矢量构造器工具。

2）【参考平面上的点】：该选项组通过使用点方式或点构造器工具，指定径向参考平面上的点。径向参考平面是包含该轴线和点的唯一平面。

3）【起点】：表示相对于基平面的角度，径向面由此角度开始，按右手法则确定正方向。限制角不必是步长角度的偶数倍。

4）【终点】：表示相对于基础平面的角度，径向面在此角度处结束。

5）【步进】：表示径向平面之间所需的夹角。

（4）【垂直于曲线的平面】　该类型用于设定一个或一组与所选定曲线垂直的平面作为截面。激活该选项后，可变窗口区会变为如图 3-85 所示。

1）【要剖切的对象】：其功能用法与前述相同。

2）【曲线或边】：该选项组用来选择沿其生成垂直平面的曲线或边。使用【过滤器】选项来辅助对象的选择。可以将【过滤器】设置为曲线或边、曲线或边。

3）【间距】：设置间距的方式有 5 种，简述如下。

➢　【等弧长】：沿曲线路径以等弧长方式间隔平面。必须在【副本数】文本框中输入截面平面的数目，以及平面相对于曲线全弧长的起始和终止位置的百分比值。

➢　【等参数】：根据曲线的参数化法来间隔平面。必须在【副本数】文本框中输入截面平面的数目，以及平面相对于曲线参数长度的起始和终止位置的百分比值。

- ➢ 【几何级数】：根据几何级数比间隔平面。必须在【副本数】文本框中输入截面平面的数目，还须在【比率】文本框中输入数值，以确定起始和终止点之间的平面间隔。
- ➢ 【弦公差】：根据弦公差间隔平面。选择曲线或边后，定义曲线段，使线段上的点距线段端点连线的最大弦距离，等于在【弦公差】文本框中输入的弦公差值。
- ➢ 【增量弧长】：以沿曲线路径递增的方式间隔平面。在【弧长】文本框中输入值，在曲线上以递增弧长方式定义平面。

图 3-83　【平行平面】类型

图 3-84　【径向平面】类型

图 3-85　【垂直于曲线的平面】
类型

3.4　曲　线　编　辑

当曲线创建后，经常还需要对曲线进行修改和编辑，需要调整曲线的很多细节，本节主要介绍曲线编辑的操作。其操作包括编辑曲线、编辑曲线参数、裁剪拐角、分割曲线、编辑圆角、拉伸曲线及光顺样条等操作，其命令功能集中在菜单【菜单】→【编辑】→【曲线】的子菜单，如图 3-86 所示。

图 3-86　【曲线】子菜单

3.4.1　编辑曲线参数

执行【菜单】→【编辑】→【曲线】→【参数】命令，或者选择【曲线】→【更多】库→【编辑曲线】库中的【编辑曲线参数】选项，即可弹出如图 3-87 所示的对话框。

利用该对话框可编辑大多数类型的曲线。在对话框中选择了相关选项后，系统会弹出相应的对话框。

（1）编辑直线　当选择直线对象后，系统弹出如图 3-88 所示的对话框。通过该对话框的设置，改变直线的端点或它的参数（长度和角度）。

（2）编辑圆弧或圆　当选择圆弧或圆对象后，系统弹出如图 3-89 所示的对话框。通过在对话框中输入新值或拖动滑块可改变圆弧或圆的参数，还可以把圆弧变成它的补弧。

图 3-87　【编辑曲线参数】对话框　　　图 3-88　【直线】对话框　　　图 3-89　【圆弧/圆】对话框

（3）编辑样条　当选择样条曲线对象后，系统弹出如图 3-90 所示的对话框。该对话框【类型】下拉列表中各选项的功能如下所述。

1）【通过点】：该选项用于重新定义通过点，并提供预览。

2）【根据极点】：该选项用于编辑样条的极点，并提供实时的图形反馈。选择该选项，系统弹出如图 3-91 所示的对话框。

【例 3-5】编辑曲线。

1）新建一个零件，文件名为 yangtiao.prt，单位为 mm。进入建模环境后，执行【菜单】→【插入】→【曲线】→【艺术样条】命令，弹出【艺术样条】对话框。选择【通过点】类型，其余保持默认设置。选择【视图】→【操作】→【前视图】选项；然后在绘图区随意捕捉 5 个点，如图 3-92 所示。单击【确定】按钮，完成样条绘制。选择【视图】→【操作】→【正三轴测图】选项，完成艺术样条创建，如图 3-93 所示。

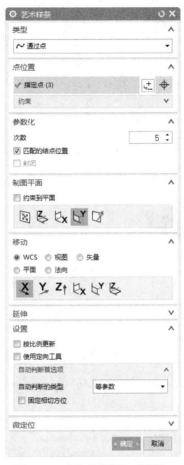

图 3-90　【艺术样条】对话框

图 3-91　【根据极点】选项【艺术样条】对话框

2）完成扫掠引导线创建。执行【菜单】→【插入】→【曲线】→【直线】命令，弹出【直线】对话框。选择艺术样条一端端点为直线的起点，在【终点选项】下拉列表中选择【YC 沿 YC】选项。在【终止限制】的【距离】文本框中输入 200，单击【确定】按钮，如图 3-94 所示。

图 3-92　捕捉点　　　　　图 3-93　创建艺术样条　　　　图 3-94　创建扫掠引导线

3）完成扫掠体创建。执行【菜单】→【插入】→【扫掠】→【沿引导线扫掠】命令，弹出【沿引导线扫掠】对话框。依次选择截面样条，再选择直线作为引导线，单击【确定】按钮，如图 3-95 所示。

图 3-95　扫掠创建实体

4）进行艺术样条的编辑。执行【菜单】→【编辑】→【曲线】→【参数】命令，弹出【编辑曲线参数】对话框。选择已创建的艺术样条，弹出【艺术样条】对话框。进入点编辑模式，在工作区中移动定义点，如图 3-96 所示。单击【确定】按钮，完成编辑操作并更新模型，如图 3-97 所示。

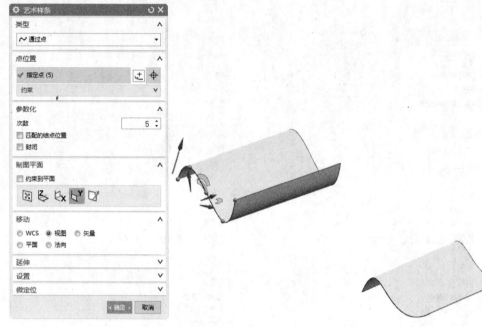

图 3-96　编辑艺术样条　　　　　　　图 3-97　完成编辑模型

3.4.2　修剪曲线

执行【菜单】→【编辑】→【曲线】→【修剪】命令，或者选择【曲线】→【编辑曲线】→【修剪曲线】选项 ，弹出如图 3-98 所示的【修剪曲线】对话框。利用该对话框可以根据边界实体和选择进行修剪的曲线的分段来调整曲线的端点。可以修剪或延伸直线、圆弧、二次曲线或样条。以下就【修剪曲线】对话框中部分选项的功能做一介绍。

1）【要修剪的曲线】：该选项组用于选择要修剪的一条或多条曲线（此步骤是必需的）。

2）【边界对象】：该选项组让用户从工作区中选择一串对象作为边界，沿着它修剪曲线。

3）【方向】：其下拉列表中的选项用于设置对象交点的方向。

➢ 　【最短的 3D 距离】：把曲线修剪到边界对象在标志最小三维测量距离的交点。

➢ 　【沿方向】：将曲线修剪、分割或延伸至与边界对象的相交处，这些边界对象沿指定矢量的方向投影。

图 3-98　【修剪曲线】对话框

4）【关联】：该选项让用户指定输出的已被修剪的曲线是相关联的。关联的修剪导致生成一个 TRIM_CURVE 特征，它是原始曲线的复制的、关联的、被修剪的副本。

原始曲线的线型变为虚线，这样它们对照于被修剪的、关联的副本更容易看得到。如果输入参数改变，则关联的修剪的曲线会自动更新。

5）【输入曲线】：其下拉列表中的选项用于指定输入曲线的被修剪部分处于何种状态。

➢ 【隐藏】：意味着输入曲线被渲染成不可见。

➢ 【保留】：意味着输入曲线不受修剪曲线操作的影响，被保持在它们的初始状态。

➢ 【删除】：意味着通过修剪曲线操作把输入曲线从模型中删除。

➢ 【替换】：意味着输入曲线被已修剪的曲线替换或交换。当使用【替换】时，原始曲线的子特征成为已修剪曲线的子特征。

6）【曲线延伸】：如果要修剪一个延伸到它的边界对象的艺术样条，则可以选择延伸的形状。

➢ 【自然】：从艺术样条的端点沿它的自然路径延伸它。

➢ 【线性】：把艺术样条从它的任一端点延伸到边界对象，艺术样条的延伸部分是直线的。

➢ 【圆形】：把艺术样条从它的端点延伸到边界对象，艺术样条的延伸部分是弧形的。

➢ 【无】：对任何类型的曲线都不执行延伸。

7）【修剪边界曲线】：用于修剪或分割边界对象。每个边界对象的修剪或分割部分取决于边界对象与所选曲线的相交位置。

修剪曲线示意如图 3-99 所示。

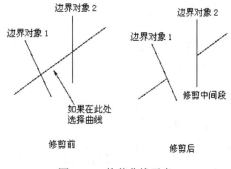

图 3-99　修剪曲线示意

3.4.3　分割曲线

执行【菜单】→【编辑】→【曲线】→【分割】命令，或者选择【曲线】→【更多】库→【编辑曲线】库中的【分割曲线】选项 ∫，即可弹出如图 3-100 所示的对话框。

利用该对话框可以把曲线分割成一组同样的段（即直线到直线，圆弧到圆弧），每个生成的段是单独的实体并赋予和原先的曲线相同的线型，新的对象和原先的曲线放在同一层上。分割曲线有 5 种不同的方式。

1）【等分段】：该选项使用曲线长度或特定的曲线参数把曲线分成相等的段。曲线参数取决于被分割曲线的类型（如直线、圆弧和艺术样条等）。选择该选项，如图 3-100 所示。其中【段长度】参数设置有两种情况。

➢ 【等参数】：该选项是根据曲线参数特征等分曲线。曲线的参数随曲线类型而变化。

➢ 【等弧长】：该选项用于将选择的曲线分割成等长度的单独曲线，各段的长度是根据实际的曲线长度和要求分割的段数计算出来的。

2）【按边界对象】：该选项使用边界实体把曲线分成几段，边界实体可以是点、曲线、平面和/或面等。选择该选项，如图 3-101 所示。

图 3-100 【分割曲线】对话框　　　　　　图 3-101　选择【按边界对象】选项

3）【弧长段数】：该选项是按照各段定义的弧长分割曲线，如图 3-102 所示。选择该选项，如图 3-103 所示。要求输入分段弧长值，其后会显示分段数目和剩余部分弧长值。

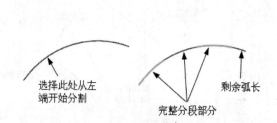

图 3-102　利用【弧长段数】分割曲线　　　　　图 3-103　选择【弧长段数】选项

具体操作时，在靠近要开始分段的端点处选择该曲线。从选择的端点开始，系统沿着曲线测量输入的长度，并生成一段；从分段处的端点开始，系统再次测量长度并生成下一段。此过程不断重复，直到到达曲线的另一个端点。生成的完整分段数目会在对话框（见图 3-103）中显示出来，此数目取决于曲线的总长和输入的各段长度。曲线剩余部分的长度也会显示出来，作为部分段。

4）【在结点处】：该选项使用选样的结点分割曲线。其中结点指样条段的端点。选择该选项，如图 3-104 所示。在【方法】下拉列表中包括以下几个选项，其各选项的功能如下所述。

➢ 【按结点号】：通过输入特定的结点号码分割样条。

➢ 【选择结点】：通过用图形光标在结点附近指定一个位置来选择分割结点。当选择样条时会显示结点。

图 3-104　选择【在结点处】选项

➢ 【所有结点】：自动选择样条上的所有结点来分割曲线。

图 3-105 所示为利用【在结点处】分割曲线。

5）【在拐角上】：该选项指在角上分割样条。其中拐角指样条折弯处（即某样条段的终止方向不同于下一段的起始方向）的结点，如图 3-106 所示。

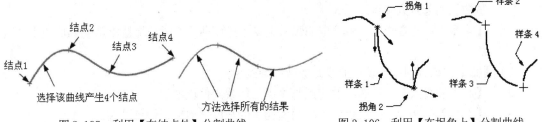

图 3-105　利用【在结点处】分割曲线　　　　　图 3-106　利用【在拐角上】分割曲线

要在拐角上分割曲线，首先要选择该样条。所有的拐角上都显示有星号。采用与【在结点处】相同的方式选择拐角点。如果在选择的曲线上未找到拐角，则会显示如下错误信息：不能分割——没有拐角。

3.4.4　缩放曲线

执行【菜单】→【插入】→【派生曲线】→【缩放】命令，或者选择【曲线】→【派生曲线】→【缩放曲线】库中的【缩放曲线】选项 ，即可弹出如图 3-107 所示的对话框。该对话框用于缩放曲线、边或点其中部分选项的功能如下所述。

1）【选择曲线或点】：用于选择要缩放的曲线、边、点或草图。

2）【均匀】：在所有方向上按比例因子缩放曲线。

3）【不均匀】：基于指定的坐标系在三个方向上缩放曲线。

4）【指定点】：用于选择缩放的原点。

5）【比例因子】：用于指定比例大小。其初始大小为 1。

图 3-107　【缩放曲线】对话框

 提示

拉长曲线可用于除了草图、组、组件、体、面和边以外的所有几何类型。

3.4.5　编辑曲线长度

执行【菜单】→【编辑】→【曲线】→【长度】命令，或者选择【曲线】→【编辑曲线】→【曲线长度】选项 ，即可弹出如图 3-108 所示的对话框。利用该对话框可以通过给定的圆弧增量或总弧长来修剪曲线，其中部分选项的功能如下所述。

1）【选择曲线】：该选项用于选择要修剪或延伸的曲线。

图 3-108　【曲线长度】对话框

2）【长度】：该选项用于设置曲线修剪或延伸的长度。

➤ 【总数】：此方式为利用曲线的总弧长来修剪曲线。总弧长指沿着曲线的精确路径，从曲线的起点到终点的距离。

➤ 【增量】：此方式为利用给定的弧长增量来修剪曲线。弧长增量指从初始曲线上修剪的长度。

3）【侧】：该选项用于设置曲线修剪或延伸的位置。

➤ 【起点和终点】：从曲线的起点与终点修剪或延伸该曲线。

➤ 【对称】：从起点或终点以距离两侧相等的长度修剪或延伸该曲线。

4）【方法】：该选项用于确定所选样条延伸的形状。

➤ 【自然】：从样条的端点沿它的自然路径延伸曲线。

➤ 【线性】：从任意一个端点延伸样条，曲线的延伸部分是线性的。

➤ 【圆的】：从样条的端点延伸曲线，曲线的延伸部分是圆弧的。

5）【限制】：该选项用于输入一个值作为修剪掉的或延伸的曲线长度。

➤ 【开始】：从起始端修建或延伸的曲线长度。

➤ 【结束】：从终端修建或延伸的曲线长度。

用户既可以输入正值也可以输入负值作为弧长。输入正值时延伸曲线。输入负值则截断曲线。

3.4.6　光顺样条

执行【菜单】→【编辑】→【曲线】→【光顺样条】，或者选择【曲线】→【编辑曲线】→【编辑曲线】库中的【光顺样条】选项，弹出如图 3-109 所示的对话框。该对话框用于光顺样条曲线的曲率，使得样条曲线更加光顺。

该对话框中主要选项的功能如下所述。

1）【类型】下拉列表：用于选择光顺样条的类型。

➤ 【曲率】：通过最小曲率值的大小来光顺样条曲线。

➤ 【曲率变化】通过最小整条曲线的曲率变化来光顺样条曲线。

2）【要光顺的曲线】：用于选择要光顺的曲线。

图 3-109　【光顺样条】对话框

3）【约束】：用于设置在光顺样条时，对于线条起点和终点的约束。

3.5　综合实例——上衣模型

打开随书电子资料：yuanwenjian\chapter_3\ mote.prt，如图 3-110 所示。在本实例（上衣模型）中综合运用了本章中有关曲线的操作及其编辑功能，使用户获得更为感性的认识。完成编辑操作后的最终模型如图 3-111 所示。

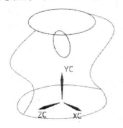

图 3-110　mote.prt 文件

图 3-111　最终模型

3.5.1　上衣成型

1）执行【菜单】→【插入】→【网格曲面】→【通过曲线网格】命令，系统弹出如图 3-112 所示的【通过曲线网格】对话框，此时提示栏要求选取主曲线。从工作区中拾取如图 3-113 所示的两条主曲线（注意：只是一侧曲线，并不是整个曲线环，可按住<shift>键取消一侧的曲线，或者在曲线规则处选择单条曲线）。

图 3-112　【通过曲线网格】对话框

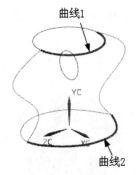

图 3-113　拾取的主曲线

2）每选择完一条曲线后单击鼠标中键确定。完成主曲线的选择，如图 3-114 所示。然后依次选择如图 3-115 所示交叉曲线。单击【确定】按钮，完成交叉曲线串的选择。

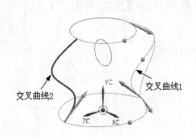

图 3-114　完成主曲线的选择　　　　　　图 3-115　选择交叉曲线

3）保持上述对话框默认设置，单击【确定】按钮，完成一侧上衣制作，如图 3-116 所示。

4）选择【视图】→【样式】→【静态线框】选项，使模型以线框模式显示。将曲线消隐，同时将先前的另一侧曲线显现出来，如图 3-117 所示。

5）执行【菜单】→【编辑】→【显示和隐藏】→【隐藏】命令，弹出【类选择】对话框。选择【类型过滤器】选项，选择【片体】选项，选择【全选】选项，选择所有曲面，单击【确定】按钮，将创建的曲面隐藏，如图 3-118 所示。

 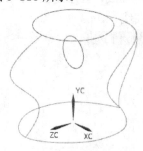 

图 3-116　完成一侧上衣制作　　　　图 3-117　显示线框模式　　　　图 3-118　隐藏曲面

6）采用相同的方法创建另一侧的片体，两侧片体目前不需要拼合。执行【菜单】→【编辑】→【显示和隐藏】→【全部显示】命令，对图形进行着色，完成上衣模型创建，如图 3-119 所示。

7）执行【菜单】→【插入】→【组合】→【缝合】命令，系统弹出如图 3-120 所示的【缝合】对话框。选择创建的上衣模型的一侧为目标片体，然后选择上衣模型的另一侧为工具片体，单击【确定】按钮，完成上衣模型的缝合。

图 3-119　完成上衣模型创建　　　　　　图 3-120　【缝合】对话框

3.5.2　袖口成型

1）选择【视图】→【样式】→【静态线框】选项 ⊛，将图形以线框模式显示。

2）执行【菜单】→【插入】→【设计特征】→【拉伸】命令，系统弹出【拉伸】对话框。选择图 3-118 中的圆，设置参数如图 3-121 所示。单击【确定】按钮，完成实体拉伸。

3）执行【菜单】→【插入】→【修剪】→【修剪体】命令，弹出如图 3-122 所示的对话框。依次选择目标体和工具面，如图 3-123 所示。完成修剪对象选择后，单击【反向】按钮，完成修剪操作。利用<Ctrl+B>组合键将圆柱体消隐掉，完成袖口制作，如图 3-124 所示。

图 3-121　设置拉伸参数

图 3-122　【修剪体】对话框

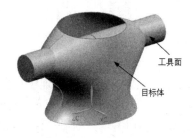

图 3-123　选择修剪对象

图 3-124　完成袖口制作

3.5.3　领口编辑

1）选择【视图】→【操作】→【右视图】选项 ◢，将图形以右视图显示。

2）执行【菜单】→【编辑】→【曲线】→【参数】命令，系统弹出【编辑曲线参数】对话框，如图 3-125 所示。选择图 3-126 所示待编辑曲线，系统弹出【艺术样条】对话框，如图 3-127 所示。

3）在【艺术样条】对话框中，将【制图平面】设置为 YC-ZC 面，【移动】设置为【视图】，给工作区添加点，如图 3-128 所示。

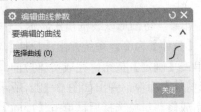

图 3-125　【编辑曲线参数】对话框

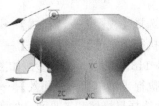

图 3-126　选择待编辑曲线

图 3-127 【艺术样条】对话框

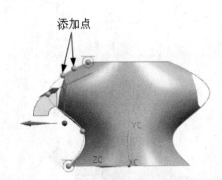

图 3-128　添加点

4）在工作区中调整点的位置，使领口突出显示，如图 3-129 所示；然后连续单击【确定】按钮，完成左侧艺术样条的编辑，如图 3-130 所示。

5）重复步骤 2）～4），完成另一侧艺术样条的编辑。领口编辑完成后的模型如图 3-131 所示。

图 3-129　调整点位置

图 3-130　编辑左侧艺术样条

6）利用<Ctrl+B>组合键将所有的曲线类型消隐掉，选择【视图】→【操作】→【正等测图】选项，完成后的最终模型如图 3-132 所示。

图 3-131　领口编辑完成后的模型　　　　　　　图 3-132　完成后的最终模型

实验 1　打开随书电子资料 yuanwenjian\ 3\exercise\book_03_01.prt，完成图 3-133 所示的曲线桥接操作。

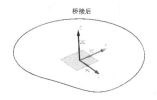

图 3-133　实验 1

操作提示：

1）执行【菜单】→【插入】→【派生曲线】→【桥接】命令，并调整【相切模量】。

2）详细操作见本章 3.3.3 节。

实验 2　打开随书电子资料：yuanwenjian\ 3\exercise\book_03_02.prt，创建如图 3-134 所示的缠绕曲线。

操作提示：

1）执行【菜单】→【插入】→【派生曲线】→【缠绕/展开曲线】命令，并设置好辅助切平面。

2）详细操作见本章 3.3.9 小节。

实验 3　打开配套电子资料：yuanwenjian\ 3\\exercise\book_03_03.prt，创建如图 3-135 所示的管状片体。

生成缠绕曲线

图 3-134　实验 2　　　　　　　　　　　　　　　　　　图 3-135　实验 3

 操作提示：

1）执行【菜单】→【插入】→【曲线】→【螺旋】命令，并调整参数。

2）调整坐标系，创建圆环截面线，设置【建模预设置】中的体类型。

3）执行【菜单】→【插入】→【扫掠】→【沿引导线扫掠】命令。

1. 对于具有一定规律的曲线（如有一定的公式规律），如何创建？

2. 如何创建不具有相关性的投影曲线？

3. 在编辑样条曲线时，光顺操作对样条曲线有何要求？

第4章 UG NX 12.0 草图设计

☞ 本章导读

草图（Sketch）是 UG 建模中建立参数化模型的一个重要工具。通常情况下，用户的三维设计应该从草图设计开始，通过 UG 中提供的草图功能建立各种基本曲线，对曲线进行几何约束和尺寸约束；然后对二维草图进行拉伸、旋转或扫掠操作，就可以很方便地生成三维实体。此后模型的编辑修改，主要在相应的草图中完成后即可更新模型。

✌ 内容要点

- ♣ 草图基础知识　　♣ 草图建立　　♣ 草图约束　　♣ 草图操作

4.1　草图基础知识

草图是位于指定平面上的曲线和点所组成的一个特征，其默认特征名为 SKETCH。草图由草图平面、草图坐标系、草图曲线和草图约束等组成，草图平面是草图曲线所在的平面；草图坐标系的 XY 平面即为草图平面，草图坐标系由用户在建立草图时确定。一个模型中可以包含多个草图，每一个草图都有一个名称，系统是通过草图名称对草图及其对象进行引用的。

在建模环境中执行【菜单】→【插入】→【在任务环境中绘制草图】命令，进入草图工作环境，如图 4-1 所示。

使用草图可以实现对曲线的参数化控制，可以很方便地进行模型的修改。草图可以用于以下几个方面：

1）需要对图形进行参数化时。

2）用草图来建立通过标准成型特征无法实现的形状。

3）将草图作为自由形状特征的控制线。

4）如果形状可以用拉伸、旋转或沿引导线扫掠的方法建立，可将草图作为模型的基础特征。

4.1.1　作为特征的草图

生成草图之后，它将被视为有多个操作的一个特征。

1）删除草图：需要注意的是本方法也会将该草图的参考特征（即其子特征）一起删除。

2）抑制草图：需要注意的是本方法也会将该草图参考的特征（即其子特征）一起抑制。

3）重新附着草图：可以将草图附着到不同的平面或基准平面，而不是它生成时的草图平面上。

4）移动草图：可以使用【菜单】→【编辑】→【特征】→【移动】操作与移动特征相同

的方式来移动草图。

5）草图重排序：可以使用【菜单】→【编辑】→【特征】→【重排序】操作来对草图进行重新排序。

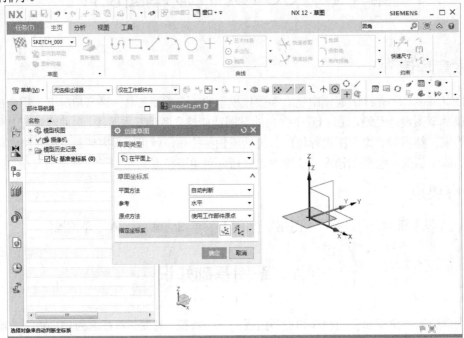

图 4-1　草图工作环境

4.1.2　草图的激活

虽然可以在一个部件中创建多个草图，但是每次只能激活一个草图。要使草图处于激活状态，可以在【部件导航器】中选择指定的草图名称，右击后，在弹出的菜单中选择【编辑】选项，或者直接双击草图名称；也可在【草图】组中（见图 4-2）选择草图名称。在草图激活时生成的任一几何体都会被添加到该草图中。若要使指定草图不激活，可以在该组中的下拉菜单中与其他草图切换，或者单击【完成】按钮，退出草图工作环境。

图 4-2　【草图】组

草图必须位于基准平面或平表面上。如果指定了的草图是在工作坐标系平面（XC-YC、YC-ZC 或 ZC-XC）上，则将生成固定的基准平面和两个基准轴。

4.1.3　草图和层

UG NX 12.0 中与层相关的草图操作是这样规定的：确保不会在激活的草图中跨过多个层错误地构造几何体。草图和层的交互操作规则如下：

1）如果选择了一个草图，并使其成为激活状态，草图所在的层将自动成为工作层。

2）如果取消草图的激活状态，草图层的状态将由【草图首选项】对话框的【保持图层状态】选项来决定：如果关闭了【保持图层状态】，则草图层将保持为工作层；如果打开了【保持图层状态】，则草图层将恢复到原先的状态（即激活草图之前的状态），工作层状态则返回到激活草图之前的工作层。

3）如果将曲线添加到激活的草图中，它们将自动移动到草图的同一层。

4）取消草图的激活状态后，所有不在草图层的几何体和尺寸都会被移动到草图层。

4.1.4　自由度箭头

在对草图中的曲线进行完全约束前，在草图曲线线段的某些控制点处将显示自由度箭头，如图 4-3 所示。

自由度箭头表示：如果要将该点完全定位在草图上，还需要更为详细的信息。如图 4-3 所示，如果在点的 Y 方向上显示了一个自由度箭头，则需要在 Y 方向上对点进行约束。当用户添加约束并对草图进行求值计算时，相应的自由度箭头将被删除。但是，自由度箭头的数目并不完全代表限制草图所需的约束数目，添加一个约束可以删除多个自由度箭头。

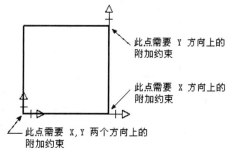

图 4-3　显示自由度箭头示意

4.1.5　草图中的颜色

草图中的颜色有特殊定义，这有助于识别草图中的元素。表 4-1 和表 4-2 列出了系统默认颜色的含义。

表 4-1　草图中常用颜色的含义

选项	含义
青色	默认情况下，作为草图组成部分的曲线被设置为青色
绿色	默认情况下，不是草图组成部分曲线被设置为绿色。不会与其他尺寸约束发生矛盾的草图尺寸也被设置为绿色
黄色	草图几何体以及与其相关联的任一尺寸约束，如果是过约束的，则将被设置为黄色
粉红色	如果系统发现各约束尺寸之间存在矛盾，则发生矛盾的尺寸将由绿色更改为粉红色，草图几何体将被更改为灰色。表明对于当前给定的约束，将无法解算草图
白色	使用转换为参考的/激活的命令后由激活转换为参考的尺寸，将由绿色更改为白色
灰色	使用转换为参考的/激活的命令后激活转换为参考的草图几何体，将更改为灰色、双点画线

表 4-2　草图约束条件颜色的含义

约束条件	草图曲线	草图尺寸
全约束和欠约束	青色	绿色
过约束	黄色	黄色
冲突约束	灰色	粉红色
参考对象	灰色	白色
激活	青色	绿色

　　草图中的各项默认设置值可以通过【首选项】菜单来自定义，也可以通过执行【菜单】→【文件】→【实用工具】→【用户默认设置】命令，通过【用户默认设置】对话框中各选项的设置来定义，如图 4-4 所示。

图 4-4　【用户默认设置】对话框

4.2　草图建立

　　执行【菜单】→【插入】→【在任务环境中绘制草图】命令后，系统进入草图工作环境，弹出【创建草图】对话框，如图 4-5 所示。【草图】组如图 4-6 所示。

图 4-5　【创建草图】对话框

图 4-6　【草图】组

4.2.1　草图的视角

当用户完成草图平面的创建和修改后，系统会自动转换到草图平面视角。如果用户对该视角不满意，可以选择【草图】组中的【定向到模型】选项图），使草图视角恢复到原来基本建模的视角，还可以通过【草图】组中的【定向到草图】选项图，再次回到草图平面的视角。

4.2.2　草图的重新定位

当用户完成草图创建又需要更改草图所依附的平面（见图 4-7）时，可以通过【草图】组中的【重新附着】选项图来重新定位草图的依附平面，如图 4-8 所示。

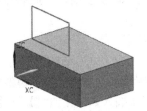　　　　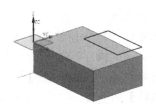

图 4-7　原草图平面　　　　　　　图 4-8　利用【重新附着】定位草图平面

4.2.3　草图的绘制

进入草图工作环境后，在【曲线】组中会出现如图 4-9 所示功能，其相关命令也可以在【菜单】→【插入】→【曲线】子菜单中找到，如图 4-9 所示。以下就常用的绘图命令做一介绍。

1）【轮廓】⌒：执行该命令，可以连续绘制直线和圆弧，按住鼠标左键不放，可以在直线和圆弧之间切换。

2）【直线】／：该命令用于绘制直线，与基本建模环境下的操作方法类似，还可以在坐标输入和长度、角度输入间进行切换，如图 4-10 所示。

3）【圆弧】⌒：该命令用于绘制圆弧，与基本建模环境下的操作方法类似，可以在多种功能间进行切换，如图 4-11 所示。

4）【圆】○：该命令用于绘制圆，与基本建模环境下的操作方法类似，可以在多种功能间进行切换，如图 4-12 所示。

　　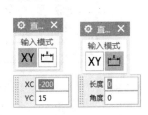　　　　

图 4-9　【曲线】子菜单　图 4-10　【直线】功能切换　图 4-11　【圆弧】对话框　图 4-12　【圆】对话框

5)【派生直线】：执行该命令，在选择一条或多条直线之后，系统会自动生成其平行线或角平分线等。

6)【快速修剪】：执行该命令，可以对草图中的对象进行快速删除，可以单个单击删除对象，也可以由拖动鼠标生成的曲线将要删除的对象一并删除。这是自 UG NX 12.0 新增的功能，是非常便捷的修剪工具，如图 4-13 所示。

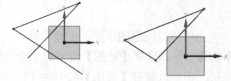

图 4-13　修剪前和修剪后示意

7)【快速延伸】：执行该命令，可以快速延伸直线、圆弧到与另一曲线相交的位置。

8)【圆角】：执行该命令，可以依次选择两条曲线，就可以在曲线间进行倒圆操作，并且可以动态修改圆角半径。

9)【矩形】：该命令提供选择对角、三点、中心点和拐角三种不同的方式来创建长方形，并可以动态调整。

10)【艺术样条】：该命令与基本建模环境操作基本一样。

11)【点】：执行该命令，可以使用户在激活的草图内生成普通的点和智能的点。

12)【椭圆】／【二次曲线】：该命令用于生成椭圆，与基本建模环境操作基本一样。对于【二次曲线】的生成，与基本建模环境中【菜单】→【插入】→【曲线】→【二次曲线】中的 2 点、顶点 Rho 选项效果相同。

4.3　草图约束

约束能够用于精确地控制草图中的对象。草图约束有两种类型，即尺寸约束（也称为草图尺寸）和几何约束。

尺寸约束建立起草图对象的大小（如直线的长度、圆弧的半径等）或两个对象之间的关系（如两点之间的距离）。尺寸约束看上去更像是图样上的尺寸。图 4-14 所示为一带有尺寸约束的草图。

几何约束建立起草图对象的几何特性（如要求某一直线具有固定长度）或两个或更多草图对象的关系类型（如要求两条直线垂直或平行，或几个弧具有相同的半径）。在图形区无法看到几何约束，但是用户可以使用【显示草图约束】显示有关信息，并显示代表这些约束的直观标记（见图 4-15 中所示的水平标记━━和垂直标记┛）。

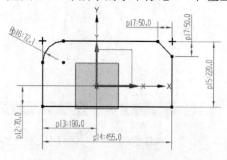

图 4-14　尺寸约束草图

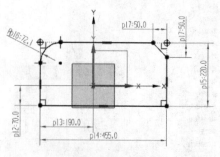

图 4-15　几何约束示意

4.3.1　建立尺寸约束

建立草图尺寸约束是限制草图几何对象的大小和形状，也就是在草图上标注草图尺寸，并设置尺寸标注线，与此同时再建立相应的表达式，以便在后续的编辑工作中实现尺寸的参数化驱动。进入草图工作环境后，系统弹出如图 4-16 所示【主页】功能区，其相关命令也可以在草图工作环境下的【菜单】→【插入】→【尺寸】子菜单中找到，如图 4-17 所示。

当创建尺寸约束时，用户可以选择草图曲线、边、基准平面或基准轴上的点，以生成水平、竖直、平行、垂直和角度尺寸。

当创建尺寸约束时，系统会生成一个表达式，其名称和值显示在一弹出的对话框文本区域中，如图 4-18 所示。用户可以继续编辑该表达式的名和值。

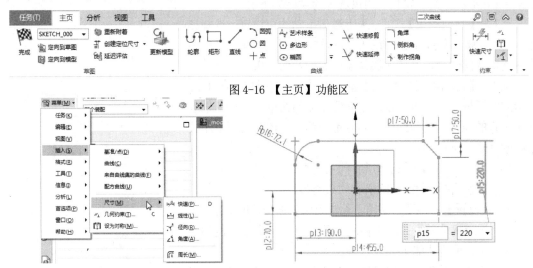

图 4-16　【主页】功能区

图 4-17　【尺寸】子菜单　　　　　　图 4-18　【尺寸约束编辑】示意

当创建尺寸约束时，只要选择了几何体，其尺寸及其延伸线和箭头就会全部显示出来。将尺寸拖动到位，然后按下鼠标左键即可。完成尺寸约束后，用户还可以随时更改尺寸约束。只需在图形区选择该值并双击，然后可以使用与创建过程相同的方式，编辑其名称、值或位置，同时用户还可以使用【动画演示尺寸】功能，在指定的范围内变动给出的尺寸，并动态显示或动画演示其对草图的影响。

以下对主要的尺寸约束选项功能做一介绍。

1)【快速尺寸】：使用该选项，在选择几何体后，由系统自动根据所选择的对象搜寻合适的尺寸类型进行匹配。如图 4-19 所示。

2)【线性尺寸】：用于指定两个对象或点位置之间的线性距离约束，如图 4-20 所示。

图 4-19　【快速尺寸】约束示意

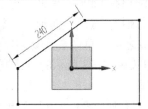

图 4-20　【线性尺寸】约束示意

3）【角度尺寸】：用于指定两条线之间的角度尺寸。相对于工作坐标系按照逆时针方向测量角度。

4）【径向尺寸】：用于为草图的弧/圆指定直径或半径尺寸。

5）【周长尺寸】：用于将所选的草图轮廓曲线的总长度限制为一个需要的值。可以选择周长约束的曲线是直线和弧。

4.3.2　建立几何约束

使用几何约束，可以指定草图对象必须遵守的条件，或草图对象之间必须维持的关系。几何约束工具均在【约束】组中，如图4-16所示。其主要几何约束选项的功能如下所述。

（1）【几何约束】　用于激活手动约束设置，选择该选项，系统弹出如图4-21所示的对话框。在【约束】列表框中选择所需要的约束，并依次选择需要添加几何约束对象。

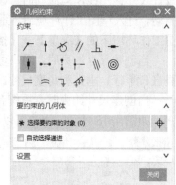

图4-21　【几何约束】对话框

（2）【自动约束】　选择该选项，系统弹出如图4-22所示的对话框，用于设置系统自动要添加的约束。该对话框能够在可行的地方将几何约束自动应用到草图。该对话框中相关选项的功能如下所述。

1）【全部设置】：选择所有约束类型。

2）【全部清除】：清除所有约束类型。

3）【设置】：该选项组用于设置距离公差和角度公差等。

➢ 【距离公差】：用于控制对象端点的距离必须达到的接近程度才能重合。

➢ 【角度公差】：用于控制系统要应用水平、竖直、平行或垂直约束，直线必须达到的接近程度。

当将几何体添加到激活的草图时，尤其是当几何体是由其他CAD系统导入时。该选项会特别有用。

（3）　【显示草图约束】　显示活动草图的几何约束。

图4-22　【自动约束】对话框

4.3.3　动画演示尺寸

【动画演示尺寸】用于在一个指定的范围中，动态显示给定尺寸发生变化的效果。受这一选定尺寸影响的任一几何体也将同时被模拟。【动画演示尺寸】不会更改草图尺寸。动画模拟完成之后，草图会恢复到原先的状态。选择该选项，系统弹出如图4-23所示的对话框。其中相关选项的功能如下所述。

1）【尺寸】列表框：列出可以模拟的尺寸。

2）【值】：当前所选尺寸的值（动画模拟过程中不会发生变化）。

图4-23　【动画演示尺寸】对话框

3）【下限】：动画模拟过程中该尺寸的最小值。

4）【上限】：动画模拟过程中该尺寸的最大值。

5）【步数/循环】：当尺寸值由上限移动到下限（反之亦然）时所变化（等于大小/增量）的次数。

6）【显示尺寸】：在动画模拟过程中显示原先的草图尺寸（该选项可选）。

4.3.4　转换至/自参考对象

【转换至/自参考对象】选项在给草图添加几何约束和尺寸约束的过程中，有时会引起约束冲突。删除多余的几何约束和尺寸约束，可以解决约束冲突，也可以通过将草图几何对象或尺寸对象转换为参考对象，可以解决约束冲突。

该选项能够将草图曲线（但不是点）或草图尺寸由激活转换为参考，或由参考转换回激活。参考尺寸显示在用户的草图中，虽然其值被更新，但是它不能控制草图几何体。显示参考曲线，但它的显示已变灰，并且采用双点画线线型。在拉伸或旋转草图时，没有用到它的参考曲线。

选择该选项，系统弹出如图 4-24 对话框。其中相关选项的功能如下所述。

图 4-24　【转换至/自参考对象】
对话框

1）【参考曲线或尺寸】：用于将激活对象转换为参考状态。

2）【活动曲线或驱动尺寸】：用于将参考对象转换为激活状态。

4.3.5　备选解

【备选解】：当约束一个草图对象时，同一约束可能存在多种求解结果，采用另解（也译作替换求解）则可以由一个解更换到另一个。

图 4-25　【备选解】示意

图 4-25 所示为当将两个圆约束为相切时，同一选择如何产生两个不同的解。两个解都是合法的，而【备选解】可以用于指定正确的解。

4.4　草　图　操　作

建立草图之后，可以对草图进行很多操作，包括镜像、拖动等。

4.4.1　镜像

该选项通过草图中现有的任一条直线来镜像草图几何体。执行【菜单】→【插入】→【来

自曲线集的曲线】→【镜像曲线】命令，或者选择【主页】→【曲
线】→【曲线】库中的【镜像曲线】选项 🔲，系统弹出如图 4-26
所示的对话框。其部分选项的功能介绍如下。

　　1）【要镜像的曲线】：用于选择将被镜像的曲线。

　　2）【中心线】：用于选择一条已有直线作为镜像操作的
中心线（在镜像操作过程中，该直线将成为参考直线）。

图 4-26　【镜像曲线】对话框

4.4.2　拖动

　　当用户在草图中选择了尺寸或曲线后，待鼠标变成 ✛ 后，
即可以在工作区中拖动它们，可以更改草图。在欠约束的草图
中，可以拖动尺寸和欠约束对象；在完全约束的草图中，可以拖动尺寸，但不能拖动对象。用
户可以一次选择并拖动多个对象，但必须单独选择每个尺寸并加以拖动。图 4-27 所示为拖动一
顶点和一线段的操作示意。在进行拖动操作时，与顶点相连的对象是不被分开的。

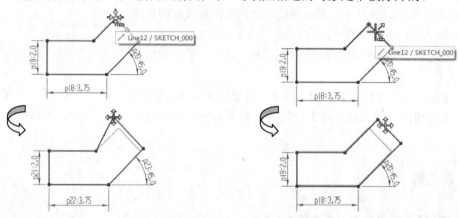

图 4-27　拖动顶点和线段的操作示意

4.4.3　偏置曲线

　　该选项可以在草图中关联性地偏置抽取的曲线，生成偏置
约束。修改原先的曲线，将会更新抽取的曲线和偏置曲线。执
行【菜单】→【插入】→【来自曲线集的曲线】→【偏置曲线】
命令，或者选择【主页】→【曲线】→【曲线】库中的【偏置
曲线】选项 🔲，弹出如图 4-28 所示的对话框。

　　利用该对话框可以在草图中关联性地偏置抽取的曲线。关
联性地偏置曲线指的是：如果修改了原先的曲线，将会相应地
更新抽取的曲线和偏置曲线。被偏置的曲线都是单个样条，并
且是几何约束。

　　以下对【偏置曲线】对话框中主要选项的功能做一介绍，

图 4-28　【偏置曲线】对话框

其中大部分功能与基本建模环境中的曲线偏置功能类似。

1）【距离】：用于指定偏置距离。只有正值才有效。

2）【反向】：使偏置链的方向反向。

4.4.4　添加现有曲线

【添加现有曲线】：用于将绝大多数已有的曲线、点、椭圆、抛物线和双曲线等添加到当前草图。该选项只是简单地将曲线添加到草图，而不会将约束应用于添加的曲线，几何体之间的间隙没有闭合。要使系统应用某些几何约束，可使用【自动约束】功能。

另外，不能采用该选项将【构造的】或【关联的】曲线添加到草图。应该使用【投影曲线】选项来代替。

> 💡 提示
>
> 不能将已被拉伸的曲线添加到在拉伸后生成的草图中。

4.4.5　投影曲线

选择【主页】→【曲线】→【曲线】库中的【投影曲线】选项，弹出如图 4-29 所示的【投影曲线】对话框。

该对话框用于将选择的对象沿草图平面的法向投影到草图的平面上。通过选择草图外部的对象，可以生成抽取的曲线或线串。能够抽取的对象包括曲线（关联或非关联的）、边、面、其他草图或草图内的曲线、点。

由关联曲线抽取的线串将维持与原先几何体的关联性连接。如果修改了原先的曲线，草图中抽取的线串也将更新；如果原先的曲线被抑制，抽取的线串还是会在草图中保持可见状

图 4-29　【投影曲线】对话框

态；如果选择了面，则它的边会自动被选择，以便进行抽取。如果更改了面及其边的拓扑结构，抽取的线串也将更新。对边的数目的增加或减少，也会反映在抽取的线串中。

> 💡 提示
>
> 对象的创建时间必须早于草图，即可以先生成，也可以进行重新排序。

4.4.6　重新附着

选择【主页】→【草图】【重新附着】选项，用户可以将草图附着到不同的表面或基准平面，而不是刚创建时生成的面。

4.4.7　草图更新

在草图工作环境下执行【菜单】→【工具】→【更新】→【从草图更新模型】命令，或者选择【主页】→【草图】→【更新模型】选项 ，用于更新模型，以反映对草图所做的更改。如果没有要进行的更新，则此选项是不可用的；如果存在要进行的更新，而且用户退出了草图工作环境，则系统会自动更新模型。

4.4.8　删除与抑制草图

在 UG 中，草图是实体造型的特征，删除草图的方法可有以下几种方式：

1）执行【菜单】→【编辑】→【删除】命令，或者在【部件导航器】中右击，在弹出的快捷菜单中选择【删除】选项即可。利用此方法删除草图时，如果草图在【部件导航器】特征树中有子特征，则只会删除与其相关的特征，不会删除草图。

2）执行【菜单】→【编辑】→【特征】→【抑制】命令，可抑制草图。不过在抑制草图的同时，也将抑制与草图相关的特征。

4.5　综合实例——拨叉草图

1）执行【菜单】→【文件】→【新建】命令，或者选择【主页】→【标准】组中的【新建】选项 ，弹出【新建】对话框。在【模板】列表框中选择【模型】，输入 caotu，单击【确定】按钮，进入 UG NX 12.0 工作窗口。

2）执行【文件】→【首选项】→【草图】命令，弹出如图 4-30 所示的【草图首选项】对话框。根据需要进行设置。单击【确定】按钮，草图预设置完毕。

3）执行【菜单】→【插入】→【在任务环境中绘制草图】命令，或者选择【曲线】→【直接草图】→【在任务环境中绘制草图】选项 ，进入 UG NX 12.0 草图工作环境。选择 XC-YC 平面作为工作平面。

4）执行【菜单】→【插入】→【曲线】→【直线】命令，或者选择【主页】→【曲线】【曲线】→【直线】选项 ，弹出【直线】对话框。选择坐标模式绘制直线，在 XC 和 YC 文本框中分别输入-15 和 0。在【长度】和【角度】文本框中分别输入 110 和 0°，绘制水平线，如图 4-31 所示。

同理，按照 XC、YC、长度和角度的顺序，分别绘制 0、80、100 和 270°；76、80、100 和 270°的两条直线。

5）执行【菜单】→【插入】→【基准/点】→【点】命令，或者选择【主页】→【曲线】→【点】选项 ，弹出【草图点】对话框。输入点的坐标为 40，20，0，完成基准点的创建。

6）执行【菜单】→【插入】→【曲线】→【直线】命令，或者选择【主页】→【曲线】→【直线】选项 ，弹出【直线】对话框。绘制一条通过基准点且与水平直线成 60°、长度为 70 的直线，如图 4-32 所示。

7）选择【主页】→【曲线】→【快速延伸】选项 ，将 60°角度线延伸到水平线，如图 4-33 所示。

8）执行【菜单】→【插入】→【约束】命令，或者选择【主页】→【约束】→【几何约束】选项╱⊥。对图 4-33 所示的草图中的所有直线添加几何约束，如图 4-34 所示。

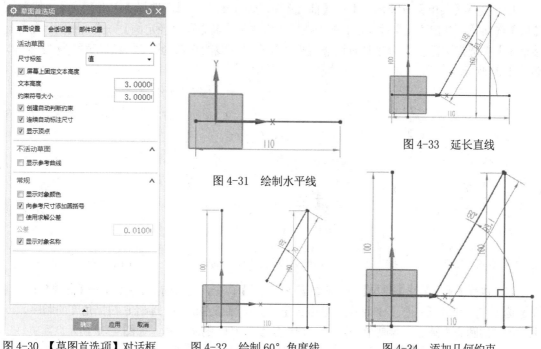

图 4-33   延长直线

图 4-31   绘制水平线

图 4-30 【草图首选项】对话框   图 4-32   绘制 60°角度线   图 4-34   添加几何约束

9）选择所有的草图对象，把鼠标放在其中一个草图对象上，单击鼠标右键，弹出如图 4-35 所示的快捷菜单。在快捷菜单中选择【编辑显示】选项，弹出如图 4-36 所示的【编辑对象显示】对话框。

图 4-35   快捷菜单

图 4-36 【编辑对象显示】对话框

　　在图 4-37 所示的对话框的【线型】下拉列表中选择中心线，在【宽度】下拉列表中选择 0.35mm。单击对话框中的【确定】按钮，则所选草图对象发生变化，如图 4-37 所示。

　　10）执行【菜单】→【插入】→【曲线】→【圆】命令，或者选择【主页】→【曲线】→【圆】选项○，弹出【圆】对话框。单击按钮⊙，选择【圆心和直径定圆】方式绘制圆。在【上边框条】中选择图标十，分别捕捉两竖直直线和水平直线的交点为圆心，绘制直径为 12 的圆，如图 4-38 所示。

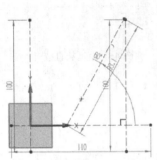

图 4-37　编辑对象显示后的草图

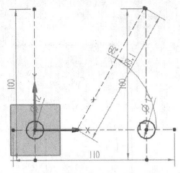

图 4-38　绘制直径为 12 的圆

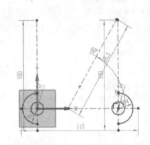

图 4-39　绘制圆弧

　　11）执行【菜单】→【插入】→【曲线】→【圆弧】命令，或者选择【主页】→【曲线】→【圆弧】选项つ，弹出【圆弧】对话框。单击按钮つ，分别按照圆心、半径、扫描角度的顺序，以上步创建的圆心为圆心，绘制半径为 14，扫描角度为 180º 的两圆弧，如图 4-39 所示。

　　12）执行【菜单】→【插入】→【来自曲线集的曲线】→【派生直线】命令，或者选择【主页】→【曲线】→【曲线】库中的【派生直线】选项、，将斜中心线分别向左右偏移 6，如图 4-40 所示。

　　13）执行【菜单】→【插入】→【曲线】→【圆】命令，或者选择【主页】→【曲线】→【圆】选项○，弹出【圆】对话框。以步骤 5）创建的基准点为圆心绘制直径为 12 的圆，然后在适当的位置绘制直径为 12 和 28 的同心圆，如图 4-41 所示。

　　14）执行【菜单】→【插入】→【曲线】→【直线】命令，或者选择【主页】→【曲线】→【直线】选项／，弹出【直线】对话框，分别绘制直径为 28 的圆的切线，如图 4-42 所示。

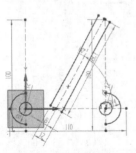

图 4-40　绘制派生直线

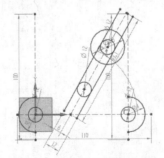

图 4-41　绘制 3 个圆

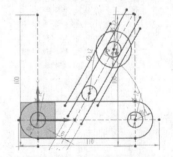

图 4-42　绘制切线

　　15）执行【菜单】→【插入】→【几何约束】命令，或者选择【主页】→【约束】→【几何约束】选项⊿。创建所需约束后的草图如图 4-43 所示。

　　16）选择【主页】→【约束】→【快速尺寸】选项，对两个小圆之间的距离进行尺寸修改，使其两圆之间的距离为 40，如图 4-44 所示。

17）执行【菜单】→【编辑】→【曲线】→【快速修剪】命令，或者选择【主页】→【曲线】→【快速修剪】选项 ，修剪不需要的曲线。修剪后的草图如图 4-45 所示。

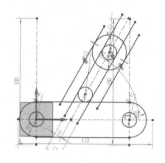 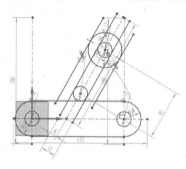 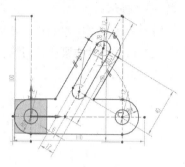

图 4-43　创建所需约束后的草图　　　图 4-44　标注小圆间距　　　图 4-45　修剪后的草图

18）执行【菜单】→【插入】→【曲线】→【圆角】命令，或者选择【主页】→【曲线】→【编辑曲线】库中的【角焊】选项 ，对左边的斜直线和直线进行倒圆，圆角半径为 10；然后再对右边的斜直线和直线进行倒圆，圆角半径为 5，如图 4-46 所示。

19）选择【主页】→【约束】→【快速尺寸】选项 ，对图中未标注的尺寸进行标注，去掉重复的标注，并把所有的标注转化为参考（鼠标放在尺寸上右击转化为参考），如图 4-47 所示。

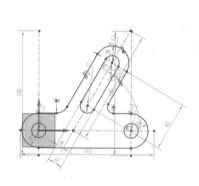 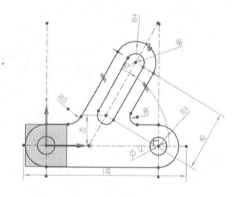

图 4-46　倒圆　　　　　　　　图 4-47　标注尺寸后的草图

实验 1　在草图工作环境中完成下列正五边形的绘制，如图 4-48 所示。

操作提示：

1）任意绘制 5 条线段。

2）添加尺寸约束和几何约束，完成绘制。

实验 2　在草图工作环境中完成下列曲线的绘制，如图 4-49 所示。

 操作提示：

1）大致绘制出左侧轮廓外形。

2）进行尺寸约束和几何约束。

3）镜像曲线。

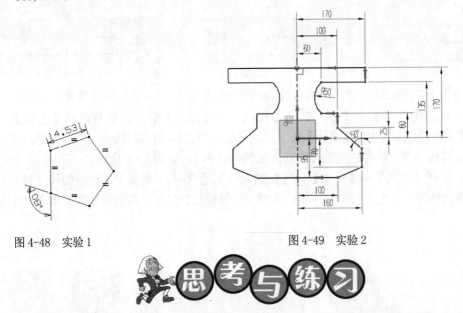

图 4-48　实验 1　　　　　　　　　　图 4-49　实验 2

思考与练习

1. 如何在退出草图设计后，保留尺寸的显示？

2. 如何在草图中进行尺寸约束，并且通过草图将自定义变量写进表达式变量设计表中？

3. 草图设计在 UG NX 12.0 几何产品设计过程中起到了什么作用？为什么要尽可能地利用草图进行零件的设计？

第 5 章　UG NX 12.0 表达式

👉 本章导读

　　表达式（Expression）是 UG NX 12.0 的一个工具，可用在多个模块中。通过算术和条件表达式，用户可以控制部件的特性，如控制部件中特征或对象的尺寸。表达式是参数化设计的重要工具，通过表达式不但可以控制部件中特征与特征之间、对象与对象之间、特征与对象之间的相互尺寸与位置关系，而且可以控制装配中的部件与部件之间的尺寸与位置关系。

✌ 内容要点

　　♣　表达式综述　♣　表达式语言　♣　表达式对话框　♣　部件间的表达式

5.1　表达式综述

　　表达式是可以用来控制部件特性的算术或条件语句。它可以定义和控制模型的许多尺寸，如特征或草图的尺寸。表达式在参数化设计中是十分有意义的，它可以用来控制同一个零件上的不同特征之间的关系或一个装配中不同的零件关系。例如，如果一个立方体的高度可以用它与长度的关系来表达，那么当立方体的长度变化时，则其高度也随之自动更新。

　　表达式是定义关系的语句。所有的表达式都有一个赋给表达式左侧的值（一个可能有、也可能没有小数部分的数）。表达式关系式包括表达式等式的左侧和右侧（即 a = b + c 形式）。要得出该值，系统就计算表达式的右侧，它可以是算术语句或条件语句。表达式的左侧必须是一个简单变量。

　　在表达式关系式的左侧，a 是 a =b+c 中的表达式变量。表达式的左侧也是此表达式的名称。在表达式的右侧，b+c 是 a=b+c 中的表达式字符串，如图 5-1 所示。

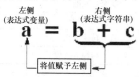

图 5-1　表达式关系式示意

在创建表达式时必须注意以下几点：

1）表达式左侧必须是一个简单变量，等式右侧是一个数学语句或一条件语句。

2）所有表达式均有一个值（实数或整数），该值被赋给表达式的左侧变量。

3）表达式等式的右侧可以是含有变量、数字、运算符和符号的组合或常数。

5.2　表达式语言

5.2.1　变量名

变量名是字母数字型的字符串，但这些字符串必须以一个字母开头。变量名中也可以使用下划线"_"。请记住，表达式是区分大小写的，因此变量名"X1"不同于"x1"。

所有的表达式名（表达式的左侧）也是变量，必须遵循变量名的所有约定。所有变量在用于其他表达式之前，必须以表达式名的形式出现。

5.2.2　运算符

在表达式语言中可能会用到几种运算符。UG 表达式运算符分为算术运算符、关系及逻辑运算符，与其他计算机书中介绍的内容相同。

5.2.3　内置函数

当建立表达式时，可以使用任一 UG 的内置函数，表 5-1 和表 5-2 列出了部分 UG 的内置函数，它可以分为两类：一类是数学函数，另一类是单位转换函数。

表 5-1　数学函数

函数名	函数表示	函数意义	备注
abs	abs（x）=丨丨	绝对值函数	结果为弧度
arcsin	arcsin（x）	反正弦函数	结果为弧度
arccos	arccos（x）	反余弦函数	结果为弧度
arctan（x）	arctan（x）	反正切函数	结果为弧度
arctan2	arctan2（x, y）	反余切函数	arctan（x/y），结果为弧度
sin	sin（x）	正弦函数	X 为角度度数
cos	cos（x）	余弦函数	X 为角度度数
tan	tan（x）	正切函数	X 为角度度数
sinh	sinh（x）	双曲正弦函数	X 为角度度数
cosh	cosh（x）	双曲余弦函数	X 为角度度数
tanh	tanh（x）	双曲正切函数	X 为角度度数
rad	rad（x）	将弧度转换为角度	
deg	deg（x）	将角度转换为弧度	
Radians			
Angle2Vectors			
log	log（x）	自然对数	log（x）= ln（x）= loge（x）
log10	log10（x）	常用对数	log10（x）=lg（x）
exp	exp（x）	指数	ex
fact	fact（x）	阶乘	x!
ceiling	ceiling（x）	大于或等于 x 的最小整数	

（续）

函数名	函数表示	函数意义	备注
floor	floor（x）	小于或等于 x 的最大整数	
max	max（x）		
min	min（x）		
pi	pi（）	圆周率 π	返回 3.14159265358979
mod	mod（x,y）		
Equal	Equal（x,y）		
xor			
dist			
round	round（x）		
ug_excel_read			

表 5-2　单位转换函数

函数名	函数表示	函数意义
cm	cm（x）	将厘米转换成部件文件的默认单位
ft	ft（x）	将英尺转换成部件文件的默认单位
In	In（x）	将英寸转换成部件文件的默认单位
km	km（x）	将千米转换成部件文件的默认单位
mc	mc（x）	将微米转换成部件文件的默认单位
min	min（x）	将角度分转换成度数
ml	ml（x）	将千分之一英寸转换成部件文件的默认单位
mm	mm（x）	将毫米转换成部件文件的默认单位
mtr	mtr（x）	将米转换成部件文件的默认单位
sec	sec（x）	将角度秒转换成度数
yd	yd（x）	将码转换成部件文件的默认单位

5.2.4　条件表达式

　　表达式可分为三类，即数学表达式、条件表达式和几何表达式。数学表达式很简单，也就是平常用数学的方法，利用上面提到的运算符和内置函数等，对表达式等式左端进行定义。例如，对 p2 进行赋值，其数学表达式可以表示为 p2=p5+p3

　　条件表达式可以通过使用以下语法的 if/else 结构生成，即

$$VAR = if （expr1）（expr2）else （expr3）$$

　　表示的含义是：如果表达式 expr1 成立，则变量取 expr2 的值；如果表达式 expr1 不成立，则变量取 expr3 的值。

　　例如，width = if（length<10）（5）else（8），即如果长度小于 10，宽度将是 5；如果长度大于或等于 10，宽度将是 8。

5.2.5　表达式中的注释

　　在实际注释前，使用双斜线 "//" 可以在表达式中生成注释。双斜线表示让系统忽略它后面的内容，注释一直持续到该行的末端。如果注释与表达式在同一行，则需先写表达式内容。

例如，length = 2*width //comment　有效；//comment// width'0 = 5　无效。

5.2.6　几何表达式

UG 中的几何表达式是一类特殊的表达式。引用某些几何特性为定义特征参数的约束。一般用于定义曲线（或实体边）的长度、两点（或两个对象）之间的最小距离或两条直线（或圆弧）之间的角度。

通常，几何表达式被引用在其他表达式中参与表达式的计算，从而建立其他非几何表达式与被引用的几何表达式之间的相关关系。当几何表达式所代表的长度、距离或角度等变化时，引用该几何表达式的非几何表达式的值也会改变。

几何表达式的类型主要有以下几种。

1）距离表达式：一个基于在两个对象、一个点和一个对象或两个点间最小距离的表达式。

2）长度表达式：一个基于曲线或边缘长度的表达式。

3）角度表达式：一个基于在两条直线、一个弧和一条线或两个圆弧间的角度的表达式。

几何表达式如下：

p2=length（20）

p3=distance（22）

p4=angle（25）

5.3　表达式对话框

要在部件文件中编辑表达式，可执行【菜单】→【工具】→【表达式】命令，系统弹出如图 5-2 所示的对话框。该对话框提供了一个当前部件中表达式的列表、编辑表达式的各种选项，以及控制与其他部件中表达式链接的选项。

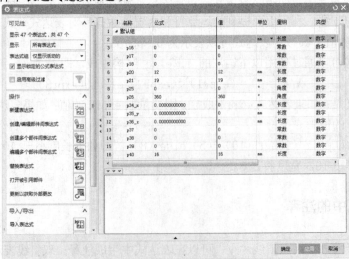

图 5-2　【表达式】对话框

5.3.1　列出的表达式

【显示】选项定义了在表达式对话框中的表达式。用户可以从其下拉列表中选择一种方式列出表达式，如图 5-3 所示，有下列可以选择的方式。

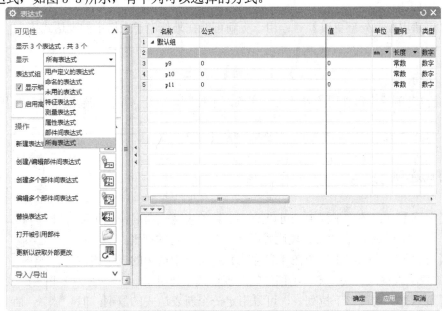

图 5-3　【显示】下拉列表

1）【用户定义的表达式】：列出了用户通过对话框创建的表达式。

2）【命名的表达式】：列出了用户创建和那些没有创建只是重命名的表达式。包括了系统自动生成的名称，如 p0 或 p5。

3）【未用的表达式】：没有被任何特征或其他表达式引用的表达式。

4）【特征表达式】：列出了在图形窗口或【部件导航器】中选定的某一特征的表达式。

5）【测量表达式】：列出了部件文件中的所有测量表达式。

6）【属性表达式】：列出了部件文件中存在的所有部件和对象属性表达式。

7）【部件间表达式】：列出了部件文件之间存在的表达式。

8）【所有表达式】：列出了部件文件中的所有表达式。

5.3.2　操作

【表达式】对话框中的【操作】选项组中各选项的功能如下所述。

1）【新建表达式】：用于新建一个表达式。

2）【创建/编辑部件间表达式】：用于列出作业中可用的单个部件。一旦选择了部件以后，便列出了该部件中的所有表达式。

3）【创建多个部件间表达式】：用于列出作业中可用的多个部件。

4）【编辑多个部件间表达式】：用于控制从一个部件文件到其他部件中的表达式的外部

参考。选择该选项，将显示包含所有部件列表的对话框，这些部件包含工作部件涉及的表达式。

5）【替换表达式】：允许使用另一个字符串替换当前工作部件中某个表达式的公式字符串的所有实例。

6）【打开被引用部件】：选择该选项，可以打开任何作业中部分载入的部件，常用于进行大规模加工操作。

7）【更新以获取外部更改】：用于更新可能在外部电子表格中的表达式值。

提示

系统会自动删除不再使用的表达式。注意，不能删除特征、草图和装配条件等使用到的表达式。

5.3.3　公式选项

1）【名称】：在该文本框中，可以给一个新的表达式命名，也可以重新命名一个已经存在的表达式。表达式命名要符合一定的规则。

2）【公式】：可以编辑一个在【表达式】列表框中选中的表达式，也可给新的表达式输入公式，还可给部件间的表达式创建引用。

3）【量纲】：通过该下拉列表，可以指定一个新表达式的量纲，但不可以改变已经存在的表达式的量纲，如图 5-4 所示。

图 5-4　公式选项中的量纲

4）【单位】：对于选定的量纲，指定相应的单位，如图 5-5 所示。

5）【应用】：在创建一个新的或者编辑一个已经存在的表达式时，自动激活。单击【应用】按钮，接受创建或修改，并更新表达式列表框。

6）【类型】：指定表达式数据类型，包括数字、字符串、布尔运算、整数、点、矢量和列表等类型。

7）【源】：对于软件表达式，附加参数文本显示在源列中。该列描述关联的特征和参数选项。

8）【附注】：添加了表达式附注，则会显示该附注。

9）【检查】：显示任意检查需求。

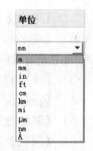

图 5-5　【公式】选项中的单位

10）【组】：选择或编辑特定表达式所属的组。

【例 5-1】创建和建立表达式。

（1）建立和编辑表达式

1）执行【菜单】→【文件】→【打开】命令，打开随书电子资料 yuanzhuti.prt，如图 5-6 所示。

2）执行【菜单】→【文件】→【另存为】命令，文件名为 biaodashi.prt。

3）执行【菜单】→【工具】→【表达式】命令，或者按快捷键<Ctrl+E>后，弹出【表达式】对话框，则在【表达式】对话框的【表达式】列表框中显示了圆柱体的表达式，如图 5-7 所示。

图 5-6　圆柱腔体

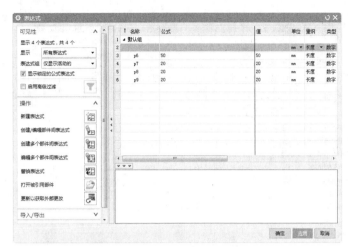

图 5-7　【表达式】对话框

4）在对话框的【表达式】列表框中选择 p7 的表达式。它的【名称】与【公式】列在【表达式】列表框中。将 p7 的【名称】改为 height，如图 5-8 所示。在【公式】对应的栏目中，将原来为 20 的值修改为 50，单击【应用】按钮。同理，将 p9 表达式的【公式】修改为 height，单击【应用】按钮，则此时的【表达式】列表框如图 5-8 所示。更新后的模型 1 如图 5-9 所示。

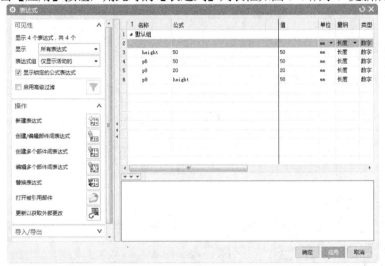

图 5-8　更新后的【表达式】列表框

图 5-9　更新后的模型 1

（2）设置两个表达式之间的相互关系　在【表达式】列表框中选择名称为 p6 的表达式，用上述方法将其重命名为 diameter，并把原来的公式修改为 2*height，单击【应用】按钮，创建直径与高度的相关性，如图 5-10 所示。更新后的模型 2 如图 5-11 所示。

（3）对表达式添加注解　在用户输入表达式时添加注解，可以解释每个表达式的意义或目的。

对表达式添加注解有两种方式，以名称为 diameter 的表达式为例。

1）在【表达式】列表框中选择名称为 diameter 的表达式，在对话框【公式】栏对应的表达式后添加双斜线"//"，并在它的后面加上注解内容（延伸圆柱体），单击【应用】按钮，如图 5-12 所示。

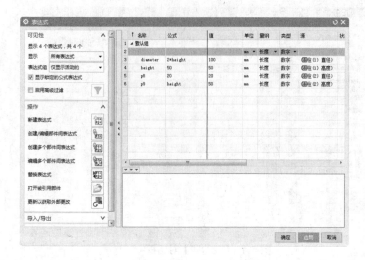

图 5-10　创建直径与高度的相关性　　　　　　　　图 5-11　更新后的模型

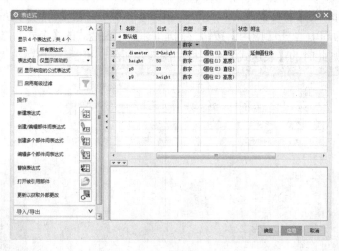

图 5-12　对表达式添加注解

2）选择上一步添加的附注选项右击，弹出快捷菜单如图 5-13 所示。选择【编辑】选项，弹出【编辑】对话框，将注释内容修改为 external diameter of cylinder，如图 5-14 所示。单击【确定】按钮，返回【表达式】对话框，修改表达式注解，如图 5-15 所示。

（4）建立条件表达式

1）选择名称为 diameter 的表达式，在【表达式】对话框中的【公式】栏中，修改原来的数学表达式

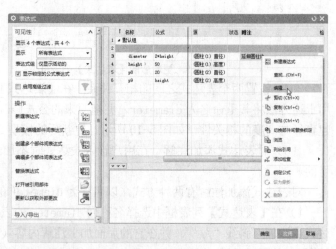

图 5-13　快捷菜单

为条件表达式，语句为

if （height>100）（100）else （2*height）//external diameter of cylinder

其含义为：当高度（height）大于 100 时，直径（diameter）的值固定为 100；当高度小于 100 时，直径的值为高度的两倍。单击【应用】按钮，修改表达式，如图 5-16 所示。

图 5-14　【编辑】对话框　　　　　　　　　　　图 5-15　修改表达式注解

2）在【表达式】列表框中选择名称为 height 的表达式，修改它的表达式，使得它的值为 200，单击【应用】按钮，则实体模型被更新，如图 5-17 所示。此时直径（diameter）的值为 100。

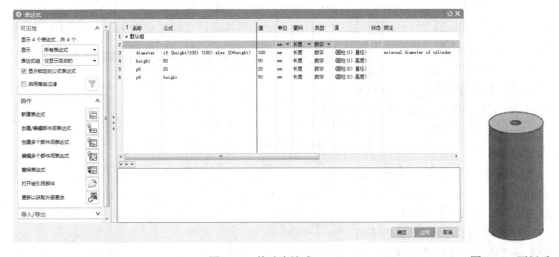

图 5-16　修改表达式　　　　　　　　　　　　　图 5-17　更新后
的模型 3

3）如果修改 height 表达式，使得它的值为 70（见图 5-18），单击【应用】按钮，则更新后的模型 4 如图 5-19 所示。此时直径（diameter）为 140。

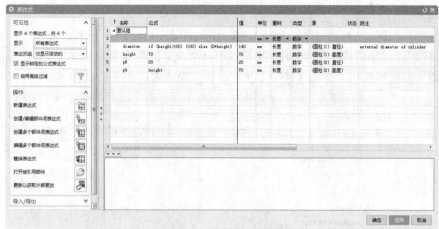

图 5-18　修改 height 为 70　　　　　　　　图 5-19　更新后的
模型 4

5.4　部件间表达式

5.4.1　部件间的表达式设置

部件间的表达式（Interpart Expressions）用于装配和组件零件中。使用部件间的表达式（IPEs），可以建立组件间的关系，这样，一个部件的表达式可以根据另一个部件的表达式进行定义。为配合另一组件的孔而设计的一个组件中的销，可以使用与该孔参数相关联的参数，当编辑孔时，该组件中的销也能自动更新。

要使用部件间的表达式，还要进行如下设置：

1）执行【文件】→【实用工具】→【用户默认设置】命令，弹出【用户默认设置】对话框。

2）在左边的栏目中，选择【装配】→【常规】【部件间建模】选项。在【允许关联的部件间建模】选项组选择【是】和勾选【允许提升体】复选框，如图 5-20 所示。单击【确定】按钮，完成设置。

图 5-20　【用户默认设置】对话框

5.4.2　部件间的表达式格式

部件间的表达式与普通表达式的区别是在部件间的表达式变量的前面添加了部件名称。格式为

部件1_名：：表达式名＝部件2_名：：表达式名

例如，表达式

hole_dia = pin：：diameter+tolerance

将局部表达式 hole_dia 与部件 pin 中的表达式 diameter 联系起来。

 提示

在 "：："字符的前后不能有空格。

【例 5-2】创建部件间表达式。

1）打开随书电子资料 part1 和 part2，如图 5-21a、b 所示；装配件（part3）如图 5-21c 所示。

a) part1　　　　　　　　　　b) part2　　　　　　　　c) 装配件（part3）

图 5-21　打开文件

2）在【装配导航器】part3 文件夹中右击 part1，在弹出的快捷菜单中选择【设为工作部件】选项，如图 5-22 所示。

3）执行【菜单】→【工具】→【表达式】命令，或者按快捷键 Ctrl+E 后，弹出【表达式】对话框。选择名称为 p1 的表达式，如图 5-23 所示。

4）单击【表达式】对话框中的【创建/编辑部件间表达式】按钮，弹出如图 5-24 所示【创建单个部件间表达式】对话框。选择 part2 文件，系统 part2 的【源表达式】列表框。选择所需表达式 "p0＝15"，单击【确定】按钮。

图 5-22　选择【设为工作部件】选项

5）弹出如图 5-25 所示的【信息】对话框。单击【确定】按钮，弹出如图 5-26 所示的【表达式】对话框。

6）将 p1 的【公式】修改为 2*part：：p0，单击【应用】按钮，此时的【表达式】对话框中 p1 表达式的值为 30，如图 5-27 所示。单击【确定】按钮，关闭【表达式】对话框，更新后

的模型如图 5-28 所示。

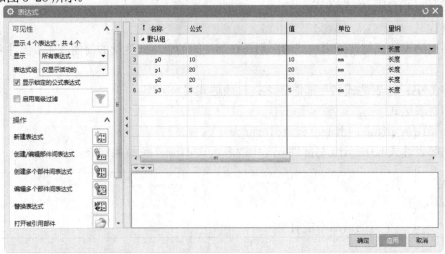

图 5-23　选择表达式 p1

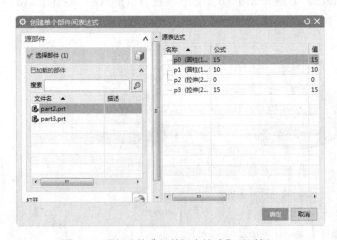

图 5-24　【创建单个部件间表达式】对话框　　　　　　图 5-25　【信息】对话框

图 5-26　【表达式】对话框

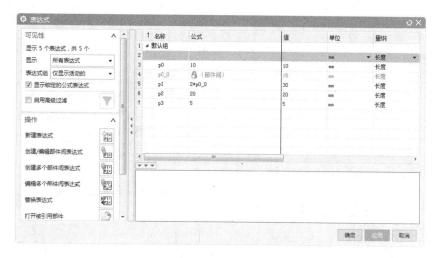

图 5-27 编辑后表达式 p1 值

图 5-28 更新后的模型

5.5 综合实例——端盖草图

1）启动 UG NX 12.0，执行【文件】→【新建】命令，或者选择【主页】→【标准】→【新建】选项，选择模型类型，创建新部件，文件名为 duangai，进入建模环境。

2）执行【文件】→【首选项】→【草图】命令，弹出【草图首选项】对话框，如图 5-29 所示。选择【草图设置】选项卡，将【尺寸标签】设置为【表达式】，【文本高度】设置为 5。取消【连续自动标注尺寸】复选框，其他参数设置如图 5-29 所示。单击【确定】按钮，完成设置。

3）执行【菜单】→【插入】→【在任务环境中绘制草图】命令，或者选择【在任务环境中绘制草图】选项，系统弹出【创建草图】对话框，如图 5-30 所示。单击【确定】按钮。进入草图工作环境。

4）在【曲线】组中选择【轮廓】选项，绘制草图轮廓，如图 5-31 所示。

5）选择【主页】→【约束】→【几何约束】选项，设置约束如下：

➢ 选择第一条水平线（从上至下）和 XC 轴，使它们具有共线约束。

➢ 选择第一条竖直直线段（从左至右、从上至下）和 YC 轴，使它们具有共线约束。

➢ 选择所有的水平直线段，使它们与 X 轴具有平行约束。

➢ 选择所有的竖直直线段，使它们与 Y 轴具有平行约束。

➢ 选择第二条竖直直线段和第三条竖直直线段，使它们具有共线约束。完成几何约束后的草图如图 5-32 所示。

6）执行【菜单】→【任务】→【完成草图】命令，或者选择【主页】→【草图】→【完成】选项，退出草图工作环境，进入建模环境。

7）创建表达式

➢ 执行【菜单】→【工具】→【表达式】命令，弹出【表达式】对话框。

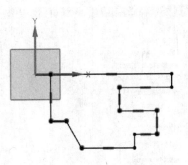

图 5-31　绘制草图轮廓

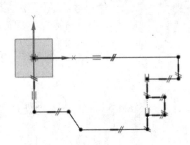

图 5-29　【草图首选项】对话框　　　图 5-30　【创建草图】对话框　　　图 5-32　完成几何约束后的草图

➢ 　在【表达式】列表框中输入表达式【名称】为 d3，【公式】为 8。单击【应用】按钮，表达式被列入列表框中，如图 5-33 所示。单击【确定】按钮，退出该对话框。

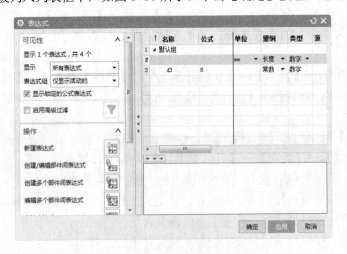

图 5-33　输入表达式"d3=8"

8）选择【曲线】→【直接草图】→【在任务环境中绘制草图】选项　，重新进入绘制工作环境。

9）标注尺寸。在工具条中的【草图名】下拉列表中选择草图【SKETCH_000】（见图 5-34），进入刚刚绘制的草图中，也可以在【部件导航器】中右击草图，选择【编辑】选项，进入刚刚绘制的

图 5-34　在下拉列表中选择
【SKETCH_000】

草图中。

- 选择【主页】→【约束】→【尺寸】下拉菜单中的【线性尺寸】选项▭，选择第一条竖直直线段和第四条竖直直线段，在对话框中输入尺寸名 D。将两线间的【距离】设置为 40，如图 5-35 所示。
- 选择第一条竖直直线段和第三条竖直直线段，在对话框中输入尺寸名 D1，输入表达式 D-2，将两线间的距离设置为 D-2，如图 5-36 所示。
- 选择第一条竖直直线段和第五条竖直直线段，尺寸名 D2，将两线间的距离设置为（2*D+5*d3)/2，如图 5-37 所示。

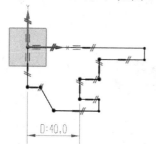 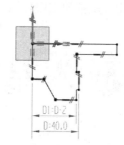 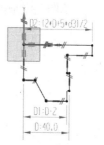

图 5-35　将两线间的距离　　　图 5-36　将两线间的距离　　　图 5-37　将两线间的距离
设置为 D=40　　　　　　　设置为 D1=D-2　　　　　　设置为 D2=（2*D+5*d3)/2

- 其他直线段的尺寸名及尺寸表达式如图 5-38～图 5-43 所示。

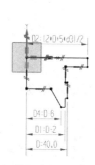 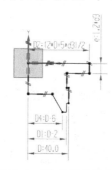 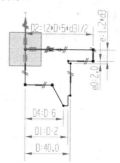

图 5-38　将两点间的距离　　　图 5-39　将线段的长度　　　图 5-40　将线段的长度
设置为 D4=D-6　　　　　　设置为 e=1.2*d3　　　　　设置为 e0=2

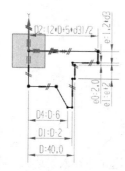 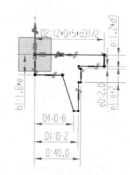 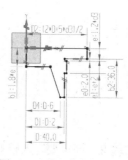

图 5-41　将两线间的距离　　　图 5-42　将两线间的距离　　　图 5-43　将两线间的距离
设置为 e1=e+2　　　　　　设置为 b1=1.8*e　　　　　设置为 b2=36

➢ 执行【菜单】→【插入】→【尺寸】→【快速尺寸】命令，弹出【快速尺寸】对话框。在【设置】选项组中选择【设置】，弹出【设置】对话框。选择【文本】选项，将小数位数设置为3，单击【关闭】按钮，完成设置。

➢ 选择第三条竖直直线段和斜线，在对话框中输入尺寸【名称】为 a，尺寸值为 2.864，如图5-44 所示。

至此，草图已完全约束。退出绘制草图工作环境。

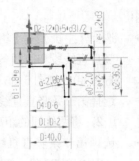

图 5-44   将两线的夹角设置为 2.864

实验 1   打开随书电子资料：yuanwenjian\ 5\exercise\book_05_01.prt 文件，完成表达式的编辑。如图 5-45 所示，将 YUANZHU 全部改换为 Rectang。

 操作提示：

1）重命名表达式。

2）调整表达式值，从而编辑模型。

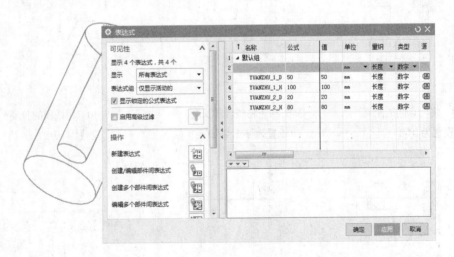

图 5-45   实验 1

实验 2   当需要写入较多表达式变量时，需要从文本中编辑表达式并导入表达式，将随书电子资料：yuanwenjian\ 5\exercise\book_05_02.exp 文件导入 book_05_02.prt 文件，如图

5-46 和图 5-47 所示。

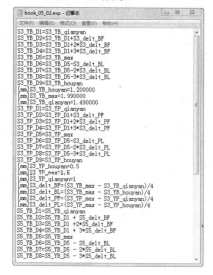

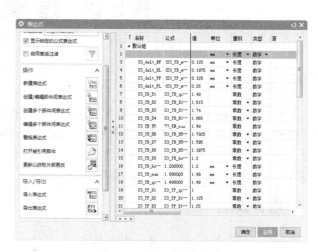

图 5-46　文本中编辑的表达式　　　　　　　　　图 5-47　导入后的表达式

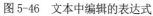**操作提示：**

1）在记事本中按指定格式编辑表达式，再保存为以.exp 为扩展名即可。

2）执行【菜单】→【工具】→【表达式】命令，在对话框中选择【导入表达式】选项（即），导入表达式。

1. 表达式在 UG 的参数化设计过程中起到了非常重要的作用，表达式的一般书写规范是怎样的？系统在什么情况下会自动创建表达式？

2. 当需要创建很多个（如 50 个）自定义的表达式时，如何提高效率？

3. 当需要对表达式进行说明时，该怎样创建注解？

4. 什么情况下需要创建条件表达式，对于条件表达式有什么要求，又如何创建？

5. 什么情况下需要用到部件间的表达式，需要提前进行那些设置，又如何创建？

第6章 建模特征

☞ **本章导读**

相对于单纯的实体建模和参数化建模，UG 采用的是复合建模方法。该方法是基于特征的实体建模方法，是在参数化建模方法的基础上采用了一种所谓"变量化技术"的设计建模方法，对参数化建模技术进行了改进。图 6-1 所示为 UG 中建立的一个三维模型。

✍ **内容要点**

图 6-1 UG 中建立的三维模型

♣ 特征设计   ♣ 特征操作

6.1 特 征 设 计

特征是一些由一个或多个父项关联定义的对象，它们在模型中还保留着生成和修改的顺序，因此可获取历史记录。编辑特征时，其父项将更新模型。父项可以是几何对象，也可以是数字变量（即表达式）。特征包括所有的体素、曲面和实体对象及线框对象。

下面列出了建模应用程序中最常用的术语：

体——包含实体和片体的一类对象。

实体——围成立体的面和边的集合。

片体——没有围成体的一个或多个面的集合。

面——由边围成的体的外表区域。

【主页】功能区中的【特征】组如图 6-2 所示，其中大部分命令也可以在菜单中找到，只是 UG NX 12.0 已将其分散在了很多子菜单命令中，如【菜单】→【插入】→【设计特征】子菜单中，如图 6-3 所示。

图 6-2 【特征】组

6.1.1 拉伸

执行【菜单】→【插入】→【设计特征】→【拉伸】命令，或者选择【主页】→【特征】→【拉伸】选项 ▥，系统弹出如图 6-4 所示的对话框。通过在指定方向上将截面曲线扫掠一个线性距离来创建体，如图 6-5 所示。【拉伸】对话框中部分选项的功能如下所述。

1)【表区域驱动】选项组：用于选择拉伸曲线。

➤ 【曲线】🔂：用于选择被拉伸的曲线，如果选择的是面，则自动进入草图工作环境。

➤ 【绘制草图】▨：UG NX 12.0 设置了【绘制草图】这个选项，用户可以通过该选项首先绘制拉伸的轮廓，然后进行拉伸。

图 6-3　【设计特征】子菜单　　　　　　　　　　　图 6-4　【拉伸】对话框

2）【方向】选项组：用于指定拉伸方向。

➢ 【自动判断的矢量】：用户通过该按钮选择拉伸的矢量方向。可以单击旁边的下三角按钮，在弹出的下拉列表中选择矢量。

➢ 【矢量对话框】：单击此按钮，弹出【矢量】对话框。在该对话框中选择所需的拉伸方向。

➢ 【反向】：如果在生成拉伸体之后，更改了作为方向轴的几何体，拉伸也会相应地更新，以实现匹配。显示的默认方向矢量指向选择几何体平面的法向。如果选择了面或片体，默认方向是沿着选择面端点的面法向；如果选择曲线构成了封闭环，在选择曲线的质心处显示方向矢量；如果选择曲线没有构成封闭环，开放环的端点将以系统颜色显示为星号。

3）【限制】：该选项组中部分选项的功能如下所述。

➢ 【开始】和【结束】：用于沿着方向矢量输入创建几何体的开始位置和结束位置，可以通过动态箭头来调整，如图 6-6 所示。

> ➢ **【距离】：** 由用户输入拉伸的【开始】和【结束】的【距离】值。

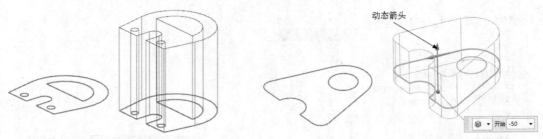

图 6-5　拉伸创建实体　　　　　　　　　图 6-6　动态箭头拉伸示意

4）**【布尔】：** 该选项组用于指定创建的几何体与其他对象的布尔运算，包括无、相交、合并和减去几种方式。配合起始点位置可以实现多种拉伸效果。

5）**【拔模】：** 该选项组用于对面进行拔模。正值使特征的侧面向内拔模（朝向选择曲线的中心）。

6）**【偏置】：** 该选项组用于创建特征。该特征由曲线或边的基本设置偏置一个常数值。包括以下选项，其功能如下所述。

> ➢ **【单侧】：** 用于创建以单边偏置的实体，如图 6-7 所示。
> ➢ **【两侧】：** 用于创建以双边偏置的实体，如图 6-8 所示。
> ➢ **【对称】：** 用于创建以对称偏置的实体，如图 6-9 所示。

 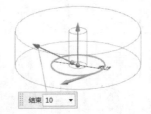 

图 6-7　【单侧】偏置示意　　　　图 6-8　【两侧】偏置示意　　　　图 6-9　【对称】偏置示意

【例 6-1】 拉伸成形。

打开随书电子资料：yuanwenjian\\6\Lashen.prt 零件，如图 6-10 所示。

1）执行【菜单】→【插入】→【设计特征】→【拉伸】命令，或者选择【主页】→【特征】→【拉伸】选项，弹出【拉伸】对话框。选择工作区中所有的曲线为拉伸曲线。

2）在【开始】的【距离】文本框中输入 0，在【结束】的【距离】文本框中输入 50，单击【确定】按钮，完成拉伸体的创建，如图 6-11 所示。

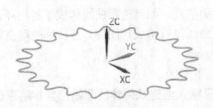 

图 6-10　Lashen.prt 零件　　　　　　　　　图 6-11　拉伸创建实体

6.1.2　旋转

执行【菜单】→【插入】→【设计特征】→【旋转】命令，或者选择【主页】→【特征】→【旋转】选项⏹，则会激活旋转功能。通过绕给定的轴以非零角度旋转截面曲线来创建一个实体特征，也可以从基本横截面开始并创建圆或部分圆的特征，如图 6-12 所示。

激活该功能，弹出【旋转】对话框，如图 6-13 所示。下面对该对话框中部分选项的功能进行具体介绍。

1)【选择曲线】：用于选择被旋转的实体或曲线。

2)【指定矢量】：该选项让用户指定旋转轴的矢量方向，也可以通过下拉列表调出矢量构成选项。

3)【指定点】：该选项让用户通过指定旋转轴上的一点，来确定旋转轴的具体位置。

4)【反向】⏹：与拉伸中的【方向】选项类似，其默认方向是创建实体的法线方向。

5)【限制】：该选项组让用户指定旋转的角度和偏置的距离。

➢　【开始】的【角度】：用于指定旋转的初始角度。总数量不能超过 360°。

➢　【结束】的【角度】：用于指定旋转的终止角度，当结束角度大于起始角度时，旋转方向为正方向，否则为反方向。

➢　【直至选定】：在【距离】的下拉列表中可以选择该选项。该选项让用户把截面集合体旋转到目标实体上的修剪面或基准平面。

6)【布尔】：该选项用于指定创建的几何体与其他对象的布尔运算，包括【无】【相交】【合并】和【减去】几种方式。配合起始点位置可以实现多种旋转效果。

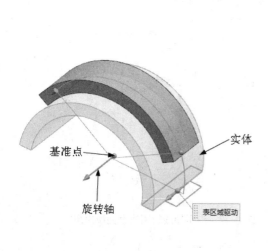

图 6-12　利用【旋转】创建圆或部分圆特征

图 6-13　【旋转】对话框

6.1.3　沿引导线扫掠

执行【菜单】→【插入】→【扫掠】→【沿引导线扫掠】命令，则会激活沿引导线扫掠功能。通过沿着由一个或一系列曲线、边或面构成的引导线串（路径）拉伸开放的或封闭的边界草图、曲线、边或面来创建体，如图6-14所示。

激活沿引导线扫掠功能，弹出如图 6-15 所示的对话框，用于选择截面线串和引导线，之后即可完成实体的生成。

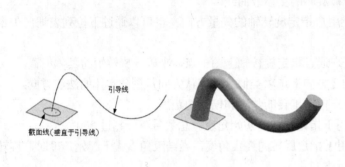

图6-14　利用【沿引导线扫掠】创建　　　　　　　图6-15　【沿引导线扫掠】对话框

需要注意以下几个问题：

1）当截面对象有多个环（见图6-16）时，则引导线串必须由线/圆弧构成。

2）当沿着具有封闭的、尖锐拐角的引导线串扫掠时，建议把截面线串放置到远离尖锐拐角的位置，如图6-17所示。

3）当引导路径上两条相邻的线以锐角相交或引导路径中的圆弧半径对于截面曲线来说太小，则不会发生扫掠面操作。换言之，路径必须是光顺的、切向连续的。

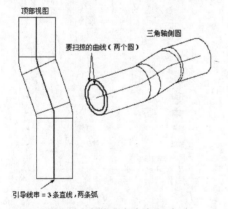

图6-16　当截面有多个环时　　　　　　　　图6-17　当引导线封闭或有尖锐拐角时

6.1.4　管

执行【菜单】→【插入】→【扫掠】→【管】命令，或者选择【主页】→【曲面】→【更多】库中的【管】选项，则会激活管功能。通过沿着由一个或一系列曲线构成的引导线串（路径）扫掠出简单的管道，如图6-18所示。

激活管功能，弹出如图6-19所示的对话框。其相关选项的功能如下所述。

1）【外径/内径】：用于输入管道的内径和外径数值，其中外径不能为零。

2）【输出】：该下拉列表中包括以下选项，其功能如下所述。

➢ 【单段】：只具有一个或两个侧面，此侧面为B曲面。如果内径是零，那么管具有一个侧面，如图6-20所示。

➢ 【多段】：沿着引导线串扫掠成一系列侧面，这些侧面可以是柱面或环面，如图6-21所示。

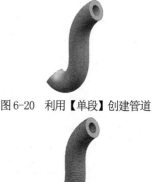

图 6-20　利用【单段】创建管道

引导线

图 6-18　沿路径创建管道　　　图 6-19　【管】对话框　　　图 6-21　利用【多段】创建管道

6.1.5　长方体

执行【菜单】→【插入】→【设计特征】→【长方体】命令，弹出如图6-22所示的对话框。

以下对其3种不同类型的创建方式做一介绍。

1）【原点和边长】：该方式允许用户通过原点和3边长度来创建长方体特征，如图6-23所示。

2）【两点和高度】：该方式允许用户通过高度和底面的两对角点来创建长方体特征，如图6-24所示。

3）【两个对角点】：该方式允许用户通过两个对角点来创建长方体特征，如图6-25所示。

6.1.6　圆柱

执行【菜单】→【插入】→【设计特征】→【圆柱】命令（创建的圆柱特征见图6-26），弹出如图6-27所示的对话框。其中有两种不同类型的创建方式。

图 6-22　【长方体】对话框

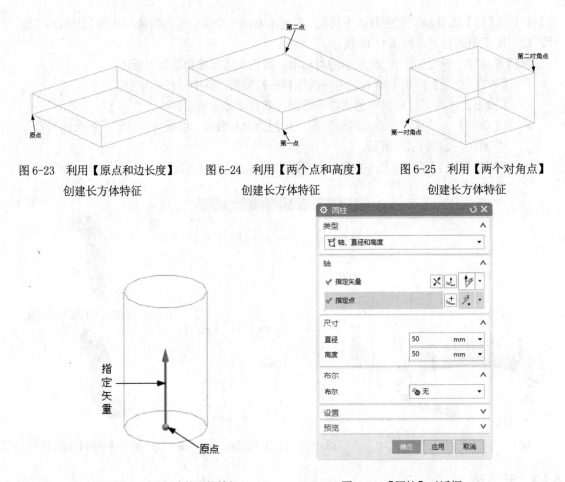

图 6-23　利用【原点和边长度】　　图 6-24　利用【两个点和高度】　　图 6-25　利用【两个对角点】
　　创建长方体特征　　　　　　　　创建长方体特征　　　　　　　　创建长方体特征

图 6-26　创建的圆柱特征　　　　　　　　　　图 6-27　【圆柱】对话框

　　1）【轴，直径和高度】：该方式允许用户通过定义轴、直径和圆柱高度值以及底面圆心来创建圆柱体。

　　2）【圆弧和高度】：该方式允许用户通过定义圆柱高度值，选择一段已有的圆弧并定义创建方向来创建圆柱体。用户选择的圆弧不一定需要是完整的圆，且生成圆柱与弧不关联，圆柱方向可以选择是否反向，如图 6-28 所示。

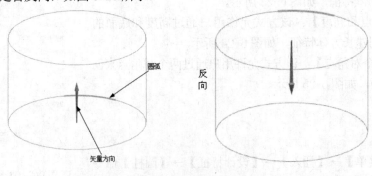

图 6-28　利用【圆弧和高度】创建圆柱特征

6.1.7 圆锥

执行【菜单】→【插入】→【设计特征】→【圆锥】命令（创建的圆锥特征见图 6-29），弹出如图 6-30 所示的对话框。其中的【类型】下拉列表中包括以下几个选项，其功能如下所述。

1）【直径和高度】：选择该选项，通过定义底部直径、顶部直径和高度值创建圆锥特征。

2）【直径和半角】：选择该选项，通过定义底部直径、顶部直径和半角值创建圆锥特征。半角定义了圆锥的轴与侧面形成的角度。半角值的有效范围是 1°～89°。图 6-31 所示为系统测量半角的方式。图 6-32 所示为不同的半角值对圆锥形状的影响。每种情况下轴的点直径和顶部直径都是相同的。半角影响顶点的锐度以及圆锥的高度。

图 6-29 创建的圆锥特征　　　　　图 6-30 【圆锥】对话框

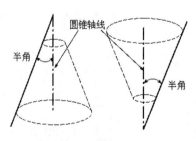

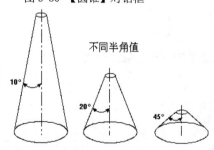

图 6-31 测量半角的方式　　　　图 6-32 不同半角值对圆锥形状的影响

3）【底部直径，高度和半角】：选择该选项，通过定义底部直径、高度和半角值创建圆锥特征。半角值的有效范围是 1°～89°。在创建圆锥特征的过程中，有一个经过原点的圆形平表面，其直径由底部直径值给出。顶部直径值必须小于底部直径值。

4）【顶部直径，高度和半角】：选择该选项，通过定义顶部直径、高度和半角值创建圆锥特征。在创建圆锥特征的过程中，有一个经过原点的圆形平表面，其直径由顶部直径值给出。

底部直径值必须大于顶部直径值。

5）【两个共轴的圆弧】：选择该选项，通过选择
两条圆弧创建圆锥特征，如图 6-33 所示。其中的两条圆
弧不一定是平行的。

图 6-33　利用【两个共轴的圆弧】创建圆
锥特征

选择了基弧和顶弧之后，就会创建完整的圆锥特
征。所定义的圆锥轴位于弧的中心，并且处于基弧的法
向上。圆锥的底部直径和顶部直径取自两个圆弧。圆锥的高度是顶弧的中心与基弧的平面之间
的距离。

如果选择的圆弧不是共轴的，系统会将第二条选择的圆弧（顶弧）平行投影到由基弧形成
的平面上，直到两个弧共轴为止。另外，圆锥不与圆弧相关联。

6.1.8　球

执行【菜单】→【插入】→【设计特征】→【球】命令，弹出如图 6-34 所示的对话框。
其中的【类型】下拉列表中包括以下两个选项，其功能如下所述。

1）【中心点和直径】：选择该选项，通过定义直径值和中心创建球体。

2）【圆弧】：选择该选项，通过选择圆弧来创建球体（见图 6-35），所选的圆弧不必为完
整的圆弧。系统可基于任何圆弧对象创建完整的球体。选定圆弧，定义球体的中心和直径。另外，
球体不与圆弧相关；这意味着如果编辑圆弧的大小，球体不会更新，以匹配圆弧的改变。

6.1.9　孔

执行【菜单】→【插入】→【设计特征】→【孔】命令，或者选择【主页】→【特征】→【孔】
选项，弹出如图 6-36 所示的对话框。

图 6-34　【球】对话框

选择该弧

图 6-35　利用【圆弧】创建球体

图 6-36　【孔】对话框

孔的成形有 4 种方式，如下所述。

1)【简单孔】：选择该选项，如图 6-37 所示。通过指定直径、深度和顶锥角创建一个简单孔，如图 6-38 所示。

图 6-37 选择【简单孔】选项

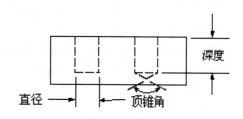

图 6-38 创建简单孔

2)【沉头】：选择该选项，如图 6-39 所示。通过指定孔直径、孔深度、顶锥角、沉头直径和沉头深度创建沉头孔，如图 6-40 所示。

图 6-39 选择【沉头】选项

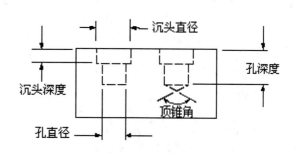

图 6-40 创建沉头孔

3)【埋头】：选择该选项，如图 6-41 所示。通过指定孔直径、孔深度、顶锥角、埋头直径和埋头角度创建埋头孔，如图 6-42 所示。

4)【锥孔】：选择该选项，如图 6-43 所示。通过指定直径、锥角和深度创建锥形孔。

图 6-41 选择【埋头】选项

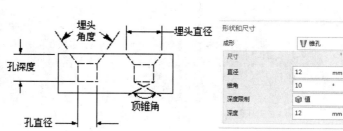

图 6-42 创建埋头孔

图 6-43 选择【锥孔】选项

6.1.10　凸起

执行【菜单】→【插入】→【设计特征】→【凸起】命令，或者选择【主页】→【特征】→【设计特征】库中的【凸起】选项 ◎，弹出如图 6-44 所示的对话框。通过沿矢量投影截面形成的面来修改几何体。凸起特征对于刚性对象和定位对象很有用。该对话框中部分选项的功能如下所述。

图 6-44　【凸起】对话框

1）【选择面】：用于选择一个或多个面以在其上创建凸起。

2）【端盖】：该选项组用于定义凸起特征的限制地板或天花板。可在【几何体】下拉列表中选择以下方法创建端盖。

  ➢ 【凸起的面】：从选定用于凸起的面创建端盖，如图 6-45 所示。

  ➢ 【基准平面】：从选择的基准平面创建端盖，如图 6-46 所示。

  ➢ 【截面平面】：在选定的截面处创建端盖，如图 6-47 所示。

  ➢ 【选定的面】：从选择的面创建端盖，如图 6-48 所示。

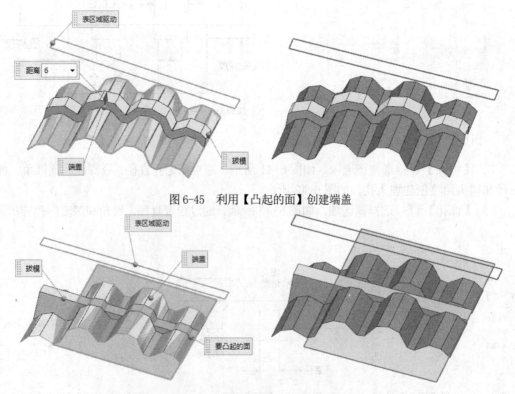

图 6-45　利用【凸起的面】创建端盖

图 6-46　利用【基准平面】创建端盖

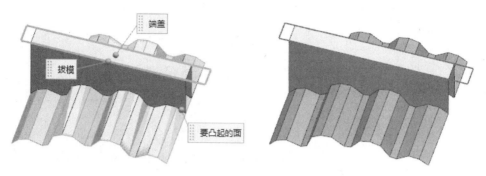

图 6-47 利用【截面平面】创建端盖

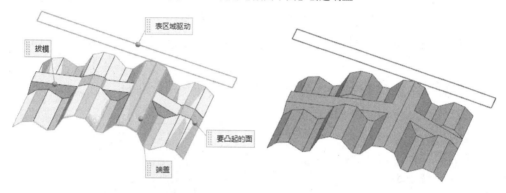

图 6-48 利用【选定的面】创建端盖

3）【位置】：该下拉列表中包括以下几个选项，用于创建端盖几何体。

➢ 【平移】：通过按凸起方向指定的方向平移源几何体来创建端盖几何体。

➢ 【偏置】：通过偏置源几何体来创建端盖几何体。

4）【拔模】：利用该下拉列表中的选项指定在拔模操作过程中保持固定的侧壁位置。

➢ 【从端盖】：使用端盖作为固定边的边界。

➢ 【从凸起的面】：使用投影截面和凸起面的交线作为固定曲线。

➢ 【从选定的面】：使用投影截面和所选的面的交线作为固定曲线。

➢ 【从选定的基准】：使用投影截面和所选的基准平面的交线作为固定曲线。

➢ 【从截面】：使用截面作为固定曲线。

➢ 【无】：指定不为侧壁添加拔模。

5）【自由边矢量】：该下拉列表中的选项用于定义当凸起的投影截面跨过一条自由边（要凸起的面中不包括的边）时修剪凸起的矢量。

➢ 【脱模方向】：使用脱模方向矢量来修剪自由边。

➢ 【垂直于曲面】：使用与自由边相接的凸起面的曲面法向执行修剪。

➢ 【用户定义】：用于定义一个矢量来修剪与自由边相接的凸起。

6）【凸度】：当端盖与要凸起的面相交时，可以通过该下拉列表中的选项创建带有凸垫、凹腔和混合类型凸度的凸起。

➢ 【凸垫】：如果矢量先碰到目标曲面，后碰到端盖曲面，则认为它是垫块，如图 6-49 所示。

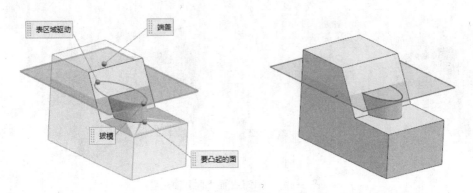

图 6-49 【凸垫】选项效果

> 【凹腔】：如果矢量先碰到端盖曲面，后碰到目标，则认为它是凹腔，如图 6-50 所示。
> 【混合】：选择该选项，既可以创建凸垫，也可以创建凹腔。

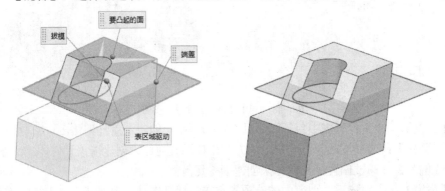

图 6-50 【凹腔】选项效果

6.1.11 槽

执行【菜单】→【插入】→【设计特征】→【槽】命令，或者选择【主页】→【特征】→【设计特征】库中的【槽】选项 🗔，弹出如图 6-51 所示的对话框。

该对话框让用户在实体上创建一个槽，就好像一个成形刀具在旋转部件上向内（从外部定位面）或向外（从内部定位面）移动，如同车削操作，如图 6-52 所示。

图 6-51 【槽】对话框

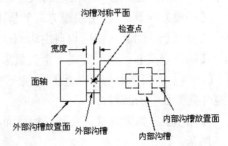

图 6-52 创建的槽

【槽】选项只在圆柱形或圆锥形的面上起作用。旋转轴是选择面的轴。槽在选择该面的位置（选择点）附近生成并自动连接到选择的面上。

【槽】对话框中各选项的功能如下所述

1）【矩形】（见图6-53）：该选项让用户创建一个周围为尖角的槽，其对话框如图6-54所示。

➢ 【槽直径】：当创建外部槽时，用于指定槽的内径；当创建内部槽时，用于指定槽的外径。

➢ 【宽度】：用于指定槽的宽度，沿选定面的轴向测量。

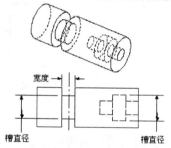

图6-53　创建的矩形槽

图6-54　【矩形槽】对话框

2）【球形端槽】（见图 6-55）：该选项让用户创建底部有完整半径的槽，其对话框如图6-56所示。

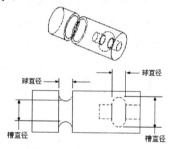

图6-55　创建的球形端槽

图6-56　【球形端槽】对话框

➢ 【槽直径】：当创建外部槽时，用于指定槽的内径；当创建内部槽时，用于指定槽的外径。

➢ 【球直径】：用于指定球的直径。

3）【U形槽】（见图6-57）：该选项让用户创建在拐角处有半径的槽，其对话框如图6-58所示。

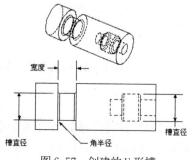

图6-57　创建的U形槽

图6-58　【U形槽】对话框

> ➢ 【槽直径】：当创建外部槽时，用于指定沟槽的内部直径；当创建内部槽时，用于指定槽的外部直径。
> ➢ 【宽度】：用于指定槽的宽度，沿选择面的轴向测量。
> ➢ 【角半径】：用于指定槽的内部圆角半径。

 提示

　　槽的定位和其他的成形特征的定位稍有不同。只能在一个方向上定位槽，即沿着目标实体的轴。不出现定位尺寸菜单。通过选择目标实体的一条边及刀具（在车槽刀具上）的边或中心线来定位槽，如图 6-59 所示。

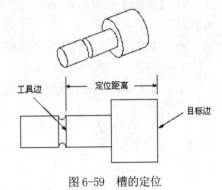

图 6-59　槽的定位

6.1.12　抽取几何特征

　　执行【菜单】→【插入】→【关联复制】→【抽取几何特征】命令，或者选择【主页】→【特征】→【更多】→【关联复制】库中的【抽取几何特征】选项 ，弹出如图 6-60 所示的对话框。

　　利用该对话框，可以通过从另一个体中抽取对象来创建另一个体。用户可以在 8 种类型的对象之间选择来进行抽取操作：如果抽取的是一个面或一个区域，则创建一个片体；如果抽取的是一个体，则新创建的体的类型将与原先的体相同（实体或片体）；如果抽取的是一条曲线，则结果将是 EXTRACTED_CURVE（抽取曲线）特征。

　　图 6-60 所示对话框的【类型】下拉列表中部分选项的功能如下所述。

　　1）【面】：该选项可用于将片体类型转换为 B 曲面类型，以便将它们的数据传递到 ICAD 或 PATRAN 等其他集成系统中和 IGES 等交换标准中。

　　2）【面区域】：该选项让用户创建一个片体，该片体是一组和种子面相关的且被边界面限制的面。在已经确定了种子面和边界面以后，系统从种子面上开始，在行进过程中收集面，直到它和任意的边界面相遇。一个片体（称为【抽取区域】特征）将在这组面上生成。

图 6-60　【抽取几何特征】对话框

> ➢ 【种子面】：该选项用于确定种子面。特征中所有其他的面都和种子面有关。
> ➢ 【边界面】：该选项用于确定【抽取区域】特征的边界。图 6-61 所示为创建的【抽取区域】特征。

　　3）【体】：该选项用于创建整个体的关联副本。可以将各种特征添加到抽取体的特征上，而不在原先的体上出现。当更改原先的体时，用户还可以决定抽取体特征要不要更新。抽取体特征的一个用途是当用户想同时利用一个原先的实体和一个简化形式的实体时（如放置在不同的参考集中），可选择该选项。

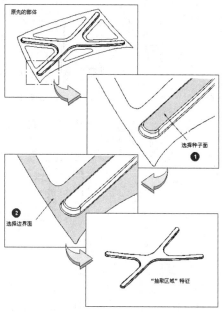

图 6-61　创建的【抽取区域】特征

6.2　特 征 操 作

特征操作是在特征建模基础上的进一步细化。【主页】功能区中的【特征】组如图 6-62 所示。其中大部分命令也可以在【菜单】中找到，只是 UG NX 12.0 中已将其分散在很多子菜单命令中，如【菜单】→【插入】→【关联复制】、【菜单】→【插入】→【修剪】和【菜单】→【插入】→【细节特征】子菜单中。

图 6-62　【主页】功能区中的
【特征】组

6.2.1　拔模

执行【菜单】→【插入】→【细节特征】→【拔模】命令，或者选择【主页】→【特征】→【拔模】选项 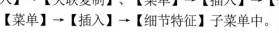，弹出如图 6-63 所示的对话框。该对话框用于相对于指定矢量和可选的参考点将拔模应用于面或边。在【拔模】对话框的【类型】下拉列表中包括以下选项。

（1）【面】　在【类型】下拉列表中选择该选项，能将选择的面倾斜。在该类型下，拔模参考点定义了垂直于拔模方向矢量的拔模面上的一个点。拔模特征与它的参考点相关。在图 6-64 中，两种情况都用了同一个值，不同仅在于参考点的位置。

需要注意的是：用同样的参考点和方向矢量来拔模内部面和外部面，则内部面拔模和外部面拔模是相反的，如图 6-65 所示。

图 6-63 【拔模】对话框

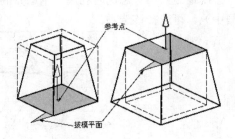

图 6-64 利用【面】创建拔模特征

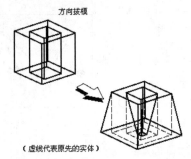

（虚线代表原先的实体）

图 6-65 内部面拔模与外部面拔模示意

1）【脱模方向】：该选项组用于指定实体拔模的方向。用户可在【指定矢量】的下拉列表中指定拔模的方向。

2）【拔模方法】：该下拉列表中包括【固定面】和【分型面】两个选项。

➢ 【固定面】：该选项用于指定实体拔模的参考面。在拔模过程中，实体在该参考面上的截面曲线不发生变化。

➢ 【分型面】：是模型不同拔模方向的分界面，其两侧的斜面方向相反。

3）【要拔模的面】：该选项组用于选择一个或多个要进行拔模的表面。

➢ 【角度】：用于定义拔模的角度。

4）【设置】：在该选项组中可以设置【距离公差】和【角度公差】。

➢ 【距离公差】：用于更改拔模操作的【距离公差】。默认值从建模预设置中取得。

➢ 【角度公差】：用于更改拔模操作的【角度公差】。默认值从建模预设置中取得。

（2）【边】　在【类型】下拉列表中选择该选项，能沿选择的一组边，按指定的角度和参考点创建拔模特征。当需要的边不包含在垂直于方向矢量的平面内时，该选项特别有用，如图 6-66a 所示。

如果选择的边是平滑的，则将被拔模的面是在拔模方向矢量所指一侧的面，如图 6-66b 所示。

➢ 【脱模方向】：与上面介绍的【面】拔模中的含义相同。

➢ 【固定边】：该选项组用于指定实体拔模的一条或多条实体边作为拔模的参考边。

➢ 【可变拔模点】：该选项组用于在参考边上设置实体拔模的一个或多个控制点，再为各控制点设置相应的角度和位置，从而实现沿参考边对实体进行变角度的拔模。其可变角定义点的定义可通过【捕捉点】工具来实现。

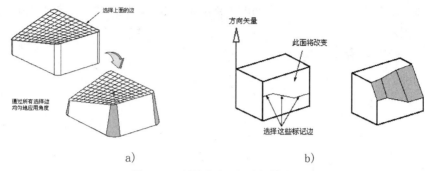

图 6-66　利用【边】创建拔模特征

a）边不包含在平面内　b）边是平滑的

（3）【与面相切】　在【类型】下拉列表中选择该选项，能按指定的拔模角进行拔模，拔模与选择的面相切。用此角度来决定用作参考对象的等斜度曲线。然后就在离开方向矢量的一侧创建拔模特征，如图 6-67 所示。

该拔模类型对于模铸件和浇注件特别有用，可以弥补任何可能的拔模不足。

➢　【脱模方向】：与上面介绍的【面】拔模中的含义相同。

➢　【相切面】：该选项组用于选择一个或多个相切表面作为拔模表面。

（4）【分型边】　在【类型】下拉列表中选择该选项，能沿选择的一组边，用指定的角度和一个参考点创建拔模特征。参考点决定了拔模面的起始点。分隔线拔模创建垂直于参考方向和边的扫掠面，如图 6-68 所示。在这种类型的拔模中，改变了面但不改变分隔线。当处理模塑部件时，这是一个常用的操作。

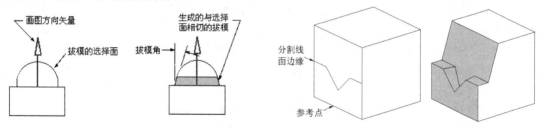

图 6-67　利用【与面相切】创建拔模特征　　　　　　图 6-68　利用【分型边】创建拔模特征

【脱模方向】：与上面介绍的【面】拔模中的含义相同。

➢　【固定面】：该选项组用于指定实体拔模的参考面。在拔模过程中，实体在该参考面上的截面曲线不发生变化。

➢　【分型边】：该选项组用于选择一条或多条分割边作为拔模的参考边。其使用方法和通过【边】拔模实体的方法相同。

6.2.2　边倒圆

执行【菜单】→【插入】→【细节特征】→【边倒圆】命令，或者选择【主页】→【特征】→【边倒圆】选项 📦，弹出如图 6-69 所示的对话框。该对话框用于通过对选定的边进行倒圆来创建一个实体，如图 6-70 所示。

当加工圆角时，用一个圆球沿着要倒圆的边（圆角半径）滚动，并保持紧贴相交于该边的两个面，球将圆角层除去。球将在两个面的内部或外部滚动，这取决于是要生成圆角还是要生成倒过圆角的边。

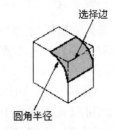

图 6-69 【边倒圆】对话框   图 6-70 利用【边倒圆】创建实体

【边倒圆】对话框中部分选项的功能如下所述。

1）【边】：用于选择要倒圆的边。在弹出的浮动对话框中输入半径值（它必须是正值）即可。圆角将沿着选定的边创建。

2）【变半径】：通过沿着选择的边指定多个点并输入每一个点上的半径，可以创建一个半径沿着其边变化的圆角，如图 6-71 所示。

选择倒圆的边，并且在【边倒圆】对话框中选择【变半径】选项后，先在边上选择所需点数（当鼠标变成 ✛ 时即可单击来确定点的数目），可以通过弧长选择点（见图 6-72），也可以在对话框中通过编辑弧长来确定点的位置。对每一处边倒圆，系统都设置了对应的表达式，用户可以通过它进行倒圆半径的调整。当在可变窗口区选择某点进行编辑时（右击，即可通过【移除】来删除点），对工作区中系统显示的对应点，可以动态调整。

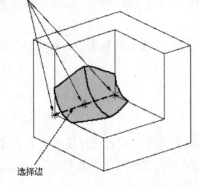

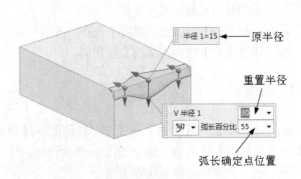

图 6-71 创建变半径圆角   图 6-72 调整点示意

3）【拐角倒角】：利用该选项组可以创建一个拐角圆角，业内称为球状圆角。该选项组用于指定所有圆角的偏置值（这些圆角一起形成拐角），从而控制拐角的形状。拐角圆角的用意是作为非类型表面钣金冲压的一种辅助，并不意味着要用于生成曲率连续的面。可以生成可变的或恒定的拐角圆角。图 6-73 所示为基本拐角圆角与带拐角圆角的区别。

每个拐角边都有一个距离值，用户可以通过指定这个值来控制它距圆角边有多远。拐角圆角的拐角距离一般标记为 D0、D1 和 D2。图 6-74 所示为如何利用输入的值来测量拐角圆角的拐角距离。

4）【拐角突然停止】：该选项组用于通过添加中止倒圆点（见图 6-75 中的 1、2、3 和 4），来限制边上的倒圆范围。其操作步骤与【变半径】类似，不同的是只可设置起始点和停止位置。

5）【长度限制】：用于修剪所选面或平面的边倒圆。

6）【溢出】：用于在创建边倒圆时控制溢出的处理方法。如图 6-76 所示，当圆角边界接触到邻近过渡边的面的外部时发生圆角溢出。

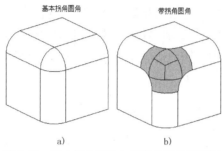

图 6-73　基本拐角圆角与带拐角圆角的区别

a）基本拐角圆角　b）带拐角圆角

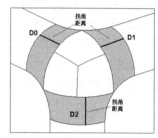

图 6-74　测量拐角距离

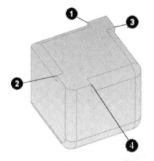

图 6-75　【拐角突然停止】示意

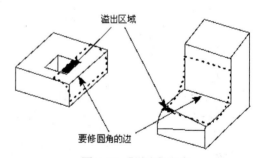

图 6-76　【溢出】示意

➢ 【选择要强制执行滚边的边】：选择该选项，当倒圆遇到另一表面时，实现光滑倒圆过渡。图 6-77a 所示为选择该选项后实现的两表面相切过渡，图 6-77b 所示为不选择该选项时边倒圆的情形。

➢ 【选择要禁止执行滚边的边】：该选项即以前版本中的允许陡峭边缘溢出，在溢出区域保留尖锐的边缘。图 6-78 所示为该选项对边倒圆的影响。

7）【设置】：该选项组中部分选项的功能如下所述。

➢ 【修补混合凸度拐角】：同时应用凸度相反的圆角修补拐角。

➢ 【移除自相交】：由于圆角创建精度等原因从而导致了自相交面，勾选该复选框，允许系统自动利用多边形曲面来替换自相交曲面。

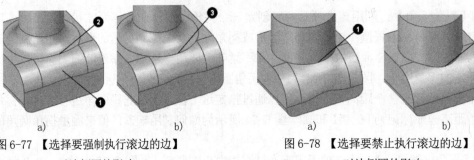

图 6-77 【选择要强制执行滚边的边】　　　　　图 6-78 【选择要禁止执行滚边的边】

　　　对边倒圆的影响　　　　　　　　　　　　对边倒圆的影响

　　　a）选择　b）不选择　　　　　　　　　　a）选择　b）不选择

6.2.3　面倒圆

执行【菜单】→【插入】→【细节特征】→【面倒圆】命令，或者选择【主页】→【特征】→【更多】→【细节特征】库中的【面倒圆】选项，弹出如图 6-79 所示的对话框。该对话框让用户通过可选的圆角面的修剪创建一个相切于指定面组的圆角，如图 6-80 所示。对话框中部分选项的功能如下所述。

图 6-79 【面倒圆】对话框

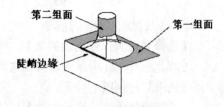

图 6-80　创建面倒圆

1）【类型】：该选项组用于设置面倒圆的面链数量。

➢　【双面】：选择两个面链和半径来创建面倒圆。

➢　【三面】：选择两个面链和中间面来创建面倒圆。

2）【面】：该选项组用于选择创建面倒圆的两组或三组面，每一个面链可选择多个面。

> 【选择面 1】：用于选择面倒圆的第一个面链。
> 【选择面 2】：用于选择面倒圆的第二个面链。

3）【方位】：该下拉列表中包括以下两个选项。

> 【滚球】：它的横截面位于垂直于选定的两组面的平面上。
> 【扫掠圆盘】：和滚球不同的是在倒圆横截面中多了脊曲线。

4）【形状】：用于设置圆角面的横截面形状。该下拉列表中包括以下几个选项。

> 【圆形】：用定义好的圆盘于倒角面相切来进行倒角。
> 【对称相切】：横截面是与面对称且相切的二次曲线。
> 【非对称相切】：用两个偏置和一个 rho 来控制横截面，还必须定义一个脊线线串来定义二次曲线截面的平面。

5）【半径方法】：用于设置圆角面横截面的半径。

> 【恒定】：对于恒定半径的圆角，只允许使用正值。
> 【可变】：根据规律类型和规律值，基于脊线上两个或多个个体点改变圆角半径。
> 【限制曲线】：半径由限制曲线定义，且该限制曲线始终与倒圆保持接触，并且始终与选定曲线或边相切。该曲线必须位于一个定义面链内。

6.2.4　倒斜角

执行【菜单】→【插入】→【细节特征】→【倒斜角】命令，或者选择【主页】→【特征】→【倒斜角】选项，弹出如图 6-81 所示的对话框。该对话框通过定义所需的倒角尺寸在实体的边上创建斜角。【倒斜角】功能的操作与【边倒圆】功能非常相似，如图 6-82 所示。该对话框的【横截面】下拉列表中包括以下几个选项。

图 6-81　【倒斜角】对话框

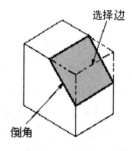

图 6-82　创建倒斜角

1）【对称】：选择该选项，可创建一个简单的倒角。它沿着两个面的偏置距离是相同的，但必须输入一个正的距离值，如图 6-83 所示。

2）【非对称】：对于该选项，必须输入【距离 1】值和【距离 2】值。这些偏置是从选择的边沿着面测量的。这两个值都必须是正的，如图 6-84 所示。在创建倒角以后，如果倒角的偏置和想要的方向相反，可以选择【反向】选项。

3）【偏置和角度】：该选项可以用一个角度来定义简单的倒角。需要输入【距离】值和【角度】值，如图 6-85 所示。

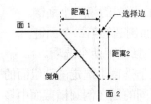

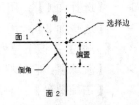

图 6-83 【对称】示意　　　　　图 6-84 【非对称】示意　　　　　图 6-85 【偏置和角度】示意

6.2.5　抽壳

执行【菜单】→【插入】→【偏置/缩放】→【抽壳】命令，或者选择【主页】→【特征】→【抽壳】选项 ，系统弹出【抽壳】对话框，如图 6-86 所示。利用该对话框可以进行抽壳来挖空实体或在实体周围建立薄壳。

1）【移除面，然后抽壳】：选择该方法后，所选目标面在抽壳操作后将被移除。

2）【对所有面抽壳】：选择该方法后，需要选择一个实体，系统将按照设置的厚度进行抽壳，抽壳后原实体变成一个空心实体，如图 6-87 所示。

图 6-86 【抽壳】对话框

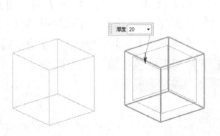

图 6-87 【对所有面抽壳】示意

【例 6-2】对咖啡壶进行抽壳操作。

打开随书电子资料：yuanwenjian\\6\chouke.prt 零件，如图 6-88 所示。

1）执行【菜单】→【插入】→【偏置/缩放】→【抽壳】命令，或者选择【主页】→【特征】→【抽壳】选项 ，弹出如图 6-89 所示的对话框。在【类型】下拉列表中选择【移除面，然后抽壳】，设置【厚度】为 0.5，然后在工作区中选择壶的顶面，单击【确定】按钮，完成抽壳，如图 6-90 所示。

2）切除壶柄的超出部分。执行【菜单】→【插入】→【修剪】→【修剪体】命令，弹出【修剪体】对话框。单击【选择体】按钮 ，选择壶柄为目标体；单击【选择面或平面】按钮 ，在【工具选项】下拉列表中选择【单个面】，选择壶体的内壁为工具面，单击【确定】按钮，完成修剪体操作，如图 6-91 所示。

图 6-88　chouke.prt
零件

图 6-89 【抽壳】对话框

图 6-90 完成抽壳示意

图 6-91 创建修剪体

6.2.6 螺纹

执行【菜单】→【插入】→【设计特征】→【螺纹】命令，或者选择【主页】→【特征】→【设计特征】下拉菜单中的【螺纹刀】选项🔧，弹出如图 6-92 所示的对话框。利用该对话框，可以在具有圆柱面的特征上创建符号螺纹或详细螺纹。这些特征包括孔、圆柱、圆台以及圆周曲线扫掠产生的减去或增添部分，如图 6-93 所示。以下对该对话框中部分选项的功能做一介绍。

1）【螺纹类型】：该选项组中包括以下两个选项。

图 6-92 【螺纹切削】对话框

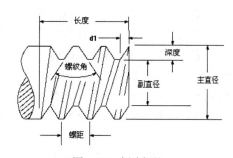

图 6-93 创建螺纹

➤ 【符号】：该类型螺纹以虚线圆的形式显示在要攻螺纹的一个或几个面上。符号螺纹使用外部螺纹表文件（可以根据特殊螺纹要求来定制这些文件），以确定默认参数。符号螺纹一旦创建，就不能复制或引用，但在创建时可以创建多个复制和可引用复制，如图 6-94 所示。

➤ 【详细】：该类型螺纹看起来更实际，如图 6-95 所示。但由于其几何形状及显示的复杂性，创建和更新都需要长得多的时间。详细螺纹使用内嵌的默认参数表，可以在创建后复制或引用。详细螺纹是完全关联的，如果特征被修改，螺纹也相应更新。

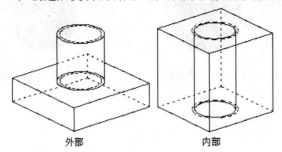

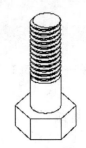

图 6-94 【符号】螺纹　　　　　　　　　　　　　图 6-95 【详细】螺纹

2）【大径】：为螺纹的最大直径。对于符号螺纹，提供默认值的是【查找表】。对于符号螺纹，这个直径必须大于圆柱面直径。只有当勾选【手工输入】复选框时，才能在这个字段中为符号螺纹输入值。

3）【小径】：螺纹的最小直径。

4）【螺距】：从螺纹上某一点到下一螺纹的相应点之间的距离，平行于轴测量。

5）【角度】：螺纹的两个面之间的夹角，在通过螺纹轴的平面内测量。

6）【标注】：引用为符号螺纹提供默认值的螺纹表条目。当【螺纹类型】是【详细】时，或者对于符号螺纹而言【手工输入】选项可选时，该选项不出现。

7）【螺纹钻尺寸】：【查找表】为该选项的默认值。【轴尺寸】出现于外部符号螺纹；【螺纹钻尺寸】出现于内部符号螺纹。

8）【方法】：用于定义螺纹加工方法，如切削、轧制、研磨和铣削。该下拉列表中的选项可以由用户在默认值中定义，也可以不同于这些例子。该选项只出现于【符号】螺纹类型。

9）【成形】：用于决定用哪一个【查找表】来获取参数默认值。该选项只出现于【符号】螺纹类型。

10）【螺纹头数】：用于指定是要创建单头螺纹还是多头螺纹。

11）【锥孔】：勾选此复选框，则符号螺纹带锥度。

12）【完整螺纹】：勾选此复选框，则当圆柱面的长度改变时符号螺纹将更新。

13）【长度】：从选择的起始面到螺纹终端的距离，平行于轴测量。对于符号螺纹，提供默认值的是【查找表】。

14）【手工输入】：该选项为某些选项输入值，否则这些值要由【查找表】提供。当不勾选该选项的复选框时【从表格中选择】选项关闭。

15）【从表中选择】：对于符号螺纹，该选项可以从【查找表】中选择标准螺纹表条目。

16）【左/右旋】：用于指定螺纹应该是【右旋】的（顺时针）还是【左旋】的（逆时针），

如图 6-96 所示。

17）【选择起始】：该选项通过选择实体上的一个平面或基准面来为符号螺纹或详细螺纹指定新的起始位置。其中的【螺纹轴反向】选项能指定相对于起始面攻螺纹的方向。在【起始条件】下，【延伸通过起点】使系统生成详细螺纹直至起始面以外，【不延伸】使系统从起始面起生成螺纹，如图 6-97 所示。

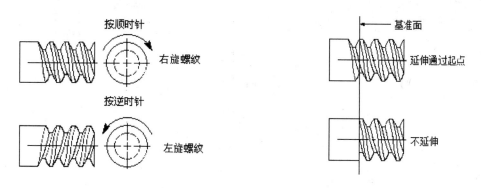

图 6-96　【右旋】与【左旋】示意　　　　　图 6-97　【起始条件】两选项的比较

6.2.7　阵列特征

实例是外形链接的特征，类似于副本。可以创建一个或多个特征的实例或特征组。因为一个特征的所有实例是相关的，可以编辑特征的参数，而且那些改变将映射到特征的每个实例上。

执行【菜单】→【插入】→【关联复制】→【阵列特征】命令，或者选择【主页】→【特征】→【阵列特征】选项，弹出如图 6-98 所示的对话框。利用该对话框，可以通过使用各种选项，定义阵列边界、实例方向、旋转和变化来创建特征（线性、圆形、多边形等）阵列。【阵列特征】示意如图 6-99 所示。在【阵列定义】选项组的【布局】下拉列表中可以选择不同的布局方式，现将部分布局方式介绍如下。

1）【线性】：可以指定在一个或两个方向对称的阵列，还可以指定多个列或行交错排列，如图 6-100 所示。

2）【圆形】：使用旋转轴和可选径向间距参数定义布局，如图 6-101 所示。

3）【多边形】：该选项将一个或多个选定特征按照设置好的多边形参数创建多个实例，如图 6-102 所示。

4）【螺旋】：该选项将一个或多个选定特征按照设置好的螺旋式参数创建多个实例，如图 6-103 所示。

图 6-98　【阵列特征】对话框

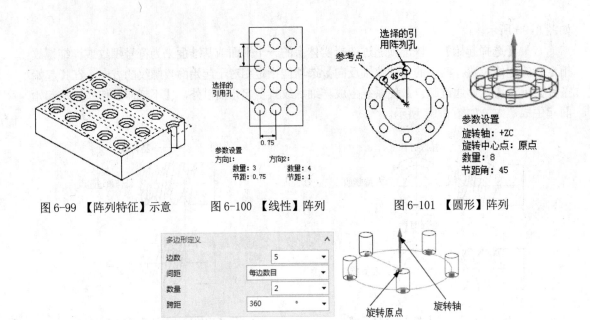

图 6-99 【阵列特征】示意 图 6-100 【线性】阵列 图 6-101 【圆形】阵列

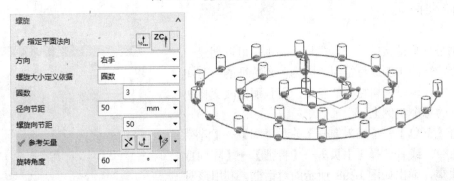

图 6-102 【多边形】阵列示意

图 6-103 【螺旋】阵列

5）【沿】：该选项将一个或多个选定特征按照绘制好的曲线创建多个实例，如图 6-104 所示。

6）【常规】：该选项将一个或多个选定特征在指定点处创建多个实例点，如图 6-105 所示。

图 6-104 【沿】曲线阵列 图 6-105 【常规】阵列

6.2.8　镜像几何体

执行【菜单】→【插入】→【关联复制】→【镜像几何体】命令，弹出如图 6-106 所示的对话框。利用该对话框，可以基于基准平面镜像几何体，如图 6-107 所示。该对话框中部分选项的功能如下所述。

图 6-106　【镜像几何体】对话框

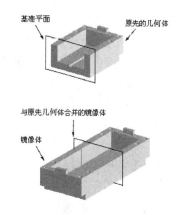

图 6-107　【镜像几何体】示意

1）【要镜像的几何体】：用于选择想要进行镜像的部件中的特征。

2）【镜像平面】：用于指定镜像选定特征所用的平面或基准平面。

3）【复制螺纹】：用于复制符号螺纹，不需要重新创建与原体相同外观的其他符号螺纹。

6.2.9　镜像特征

执行【菜单】→【插入】→【关联复制】→【镜像特征】命令，弹出如图 6-108 所示的对话框。通过基准平面或平面镜像选定特征的方法来创建对称的模型。要创建简单的镜像体，可以在体内镜像特征，如图 6-109 所示。该对话框中部分选项的功能如下所述。

图 6-108　【镜像特征】对话框

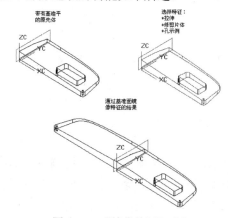

图 6-109　【镜像特征】示意

1）【要镜像的特征】：用于选择镜像的特征，直接在工作区选择。

2)【参考点】：指定输入特征中用于定义镜像特征的位置。

3)【镜像平面】：用于选择镜像平面，可在【平面】的下拉列表中选择镜像平面，也可以单击【选择平面】按钮，直接在工作中选择镜像平面。

4)【源特征的可重用引用】：已经选择的特征可在列表框中选择以重复使用。

6.2.10　缝合

执行【菜单】→【插入】→【组合】→【缝合】命令，或者选择【主页】→【特征】→【更多】→【组合】库中的【缝合】选项，弹出如图 6-110 所示的对话框。利用该对话框，可以把两个或更多片体连接到一起，从而创建一个片体；如果要缝合的这组片体包围一定的体积，则创建一个实体，还可以把两个共有一个或多个公共（重合）面的实体缝合到一起，如图 6-111 所示。在该对话框的【类型】下拉列表中包括以下几个选项。

1)【片体】：指将具有公共边或具有一定缝隙的两个片体缝合在一起，组成一个整体的片体。

➢ 【目标】：用于选择目标片体。仅当【类型】设为【片体】时可用。

➢ 【工具】：用于选择一个或多个工具片体。

2)【实体】：用于缝合选择的实体。要缝合的实体必须是具有相同形状、面积近似的表面。

➢ 【目标】：该选项用于从第一个实体中选择一个或多个目标面。这些面必须和一个或多个工具面重合。只当缝合【类型】设为【实体】时才可用。

➢ 【工具】：该选项用于从第二个实体上选择一个或多个工具面。这些面必须和一个或多个目标面重合。

图 6-110　【缝合】对话框

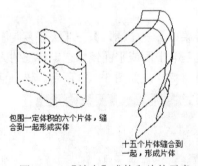

包围一定体积的六个片体，缝合到一起形成实体

十五个片体缝合到一起，形成片体

图 6-111　【缝合】成体和片体示意

6.2.11　补片

执行【菜单】→【插入】→【组合】→【修补】命令，或者选择【主页】→【特征】→【更多】→【组合】库中的【修补】选项，弹出如图 6-112 所示的对话框。利用该对话框，可以修改实体或片体，方法是将面替换为另一片体的面，如图 6-113 所示。该对话框中部分选项的功能如下所述。

1)【目标】：选择一个体作为补片特征的目标。

2）【工具】：选择一个片体作为补片特征的工具。

3）【工具方向面】：如果想使用具有多个面的工具片体中的一个面，则单击【选择面】按钮并选择想要的面。默认方向由选定面的法向矢量定义。

4）【在实体目标中开孔】：勾选该复选框，可以把一个封闭的片体补到目标体上以创建一个孔。

图 6-112　【补片】对话框

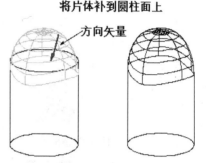

将片体补到圆柱面上

方向矢量

图 6-113　【补片】示意

 提示

如果工具片体的边缘上存在大于建模公差的缝隙，则补片操作不会按预计的执行。当新的边或面不能在目标体中生成时，例如，当工具片体的一个边不在目标体的一个面上时，或者如果新的边不生成封闭的环时，系统会弹出以下信息：不能定义补片边界。

6.2.12　包裹几何体

执行【菜单】→【插入】→【偏置/缩放】→【包裹几何体】命令，则会激活该功能，弹出如图 6-114 所示的对话框。该对话框通过计算要围绕实体的实体包层，用平面的凸多面体有效地收缩缠绕它，简化了详细模型，如图 6-115 所示。

该对话框中部分选项的功能如下所述。

1）【几何体】：该选项可以在当前要缠绕的工作部件中选择任意数量的实体、片体、曲线或点。当选择【应用】时，系统会将输入的几何体转换为点，然后将这些点缠绕在由平面构成的单个实体上。面将略微向外偏置，以确保缠绕包层包含所有选择的几何体。

因为缠绕包容操作的结果是实体，所以指定的输入内容必须不能共面。

2）【分割平面】：该选项可以使用平面来分割输入几何体。计算用于平面每一侧的分离包层，并将结果合并到单个体中。其操作示意如图 6-116 所示。

3）【封闭缝隙】：该选项将指定一种方法来闭合偏置面之间可能存在的缝隙。

➢　【尖锐】：扩展每一个平面，直到它与相邻的面相接。

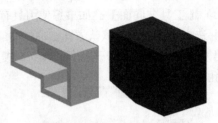

图 6-115 【包裹几何体】示意

图 6-114 【包裹几何体】对话框   图 6-116 【分割平面】示意

> 【斜接】：在缝隙中添加平面来创建斜角效果。斜角不会比【距离公差】数据输入字段中指定的值小，从而避免在缠绕多面体中生成微小面。

> 【无偏置】：面没有偏置。这样可以缩短缠绕的时间，但是结果中通常不包含原先的数据。

4）【附加偏置】：该选项用于设置系统创建的包络体各个面的偏置范围之外的附加偏置。

5）【分割偏置】：将正偏置应用到分割平面的每一侧。

6）【距离公差】：该选项用于确定缠绕多面体的详细级别。对于曲线来说，该值代表最大弦偏差。对于体来说，该值代表面到曲面的最大偏差。该值默认为部件距离公差的 100 倍。

6.2.13 偏置面

执行【菜单】→【插入】→【偏置/缩放】→【偏置面】命令，或者选择【主页】→【特征】→【更多】→【偏置/缩放】库中的【偏置面】选项，则会激活该功能，弹出如图 6-117 所示的对话框。可以使用此对话框沿面的法向偏置一个或多个面、体的特征或体，如图 6-118 所示。

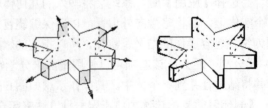

图 6-117 【偏置面】对话框   图 6-118 【偏置面】示意

其偏置距离可以为正或为负，而体的拓扑不改变。正的偏置距离指沿垂直于面而指向远离实体方向的矢量测量。

6.2.14　缩放体

执行【菜单】→【插入】→【偏置/缩放】→【缩放体】命令，弹出如图 6-119 所示的对话框。利用该对话框，可以按比例缩放实体和片体。可采用均匀、轴对称或不均匀的方式，此操作完全关联。需要注意的是：比例操作应用于几何体而不用于组成该体的独立特征。其操作示意如图 6-120 所示。该对话框的【类型】下拉列表中包括以下几个选项。

1）【均匀】：在所有方向上均匀地按比例缩放。

➤　【要缩放的体】：该选项为比例操作选择一个或多个实体或片体。所有的 3 个【类型】方法都要求进行此项选择。

➤　【缩放点】：该选项指定一个参考点，比例操作以它为中心。默认的参考点是当前工作坐标系的原点，可以通过使用【指定点】指定另一个参考点。该选项只用在【均匀】和【轴对称】类型中。

2）【轴对称】：以指定的比例因子（或乘数）沿指定的轴对称缩放。其中包括沿指定的轴指定一个比例因子，并且指定另一个比例因子用在另外两个轴方向。

➤　【缩放轴】：该选项为比例操作指定一个参考轴。只可用在【轴对称】类型中。默认值是工作坐标系的 Z 轴。可以通过使用【指定矢量】来改变它。

3）【常规】：在所有的 X、Y、Z 3 个方向上以不同的比例因子缩放。

➤　【缩放 CSYS】：启用【坐标系对话框】按钮。可以单击此按钮来打开【坐标系】对话框，可以用它来指定一个参考坐标系。

➤　【比例因子】：让用户指定比例因子（乘数），通过它来改变当前的大小。会需要一个、两个或三个比例因子，这取决于缩放【类型】的选择。

图 6-119　【缩放体】对话框

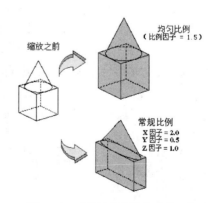

图 6-120　【缩放体】操作示意

6.2.15　修剪体

执行【菜单】→【插入】→【修剪】→【修剪体】命令，或者选择【主页】→【特征】→【修

【剪体】选项▦，弹出如图 6-121 所示的对话框。利用该对话框，可以使用一个面、基准平面或其他几何体修剪一个或多个目标体。选择要保留的体部分，并且修剪体将采用修剪几何体的形状，如图 6-122 所示。

图 6-121 【修剪体】对话框

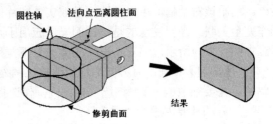

图 6-122 【修剪体】示意

由法向矢量的方向确定要保留的目标体部分。矢量指向远离将保留的目标体部分。

6.2.16　拆分体

执行【菜单】→【插入】→【修剪】→【拆分体】命令，或者选择【主页】→【特征】→【更多】→【修剪】库中的【拆分体】选项▦，则会激活拆分体功能。该功能使用面、基准平面或其他几何体分割一个或多个目标体。其操作过程类似于【修剪体】，如图 6-123 所示。

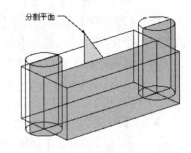

图 6-123 【拆分体】示意

6.2.17　布尔运算

执行【菜单】→【插入】→【组合】→【合并/减去/相交】命令，或者选择【主页】→【特征】→【合并】/【减去】/【相交】选项，则会激活布尔运算功能，它将原先存在的实体和/或多个片体结合起来。布尔运算如图 6-124～图 6-126 所示。

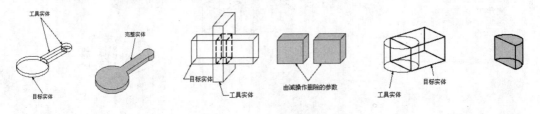

图 6-124 【合并】运算示意　　　图 6-125 【减去】运算示意　　　图 6-126 【相交】运算示意

6.2.18　实例——机械臂小臂

本例绘制机械臂小臂，如图 6-127 所示。首先通过【长方体】和【凸台】命令绘制小臂的基体，然后在基体上创建腔、凸台、孔和槽特征，即可完成机械臂小臂的创建。

1. 新建文件

执行【菜单】→【文件】→【新建】命令，弹出【新建】对话框。在【模板】列表框中选择【模型】，在【名称】文本框中输入 arm01，单击【确定】按钮，进入 UG NX 12.0 的工作窗口。

2. 创建长方体特征

1）执行【菜单】→【插入】→【设计特征】→【长方体】命令，或者选择【主页】→【特征】→【长方体】选项 📦，弹出如图 6-128 所示的【长方体】对话框。

2）单击【原点】选项组中的【点对话框】按钮 ⬆，弹出【点】对话框。按图 6-129 所示设置对话框中的参数。

3）分别在【长方体】对话框的【长度】、【宽度】和【高度】文本框中输入 16、16 和 13。

图 6-127　机械臂小臂

4）在【长方体】对话框中单击【确定】按钮，创建的长方体特征如图 6-130 所示。

图 6-128　【长方体】对话框

图 6-129　【点】对话框

图 6-130　创建的长方体特征

3. 创建凸台特征 1

1）执行【菜单】→【插入】→【设计特征】→【凸台（原有）】命令，弹出如图 6-131 所示的【支管】对话框。

2）选择长方体的上表面为凸台 1 的放置面，如图 6-132 所示。

3）分别在【支管】对话框的【直径】、【高度】和【锥角】文本框中输入 16、50 和 0。

4）单击【确定】按钮，弹出如图 6-133 所示的【定位】对话框 1。

5）在【定位】对话框中选择【垂直】定位方式 ⚹，定位后的尺寸示意 1 如图 6-134 所示。

6）单击【确定】按钮，创建的凸台特征 1 如图 6-135 所示。

4. 创建基准平面

1）执行【菜单】→【插入】→【基准/点】→【基准平面】命令，或者选择【主页】→【特征】→【基准平面】选项 ▱，弹出如图 6-136 所示的【基准平面】对话框。

图 6-131　【支管】对话框　　　　　　　　图 6-132　选择凸台 1 的放置面

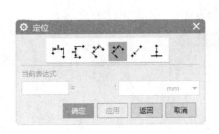

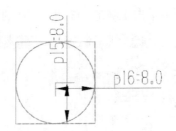

图 6-133　【定位】对话框 1　　　　图 6-134　定位后的尺寸示意 1　　　图 6-135　创建的凸台特征 1

2）在【类型】下拉列表中选择【按某一距离】选项。

3）在工作区中选择长方体的任一侧面，单击【应用】按钮，创建基准平面 1，如图 6-137 所示。

4）采用同样的方法在距离长方体下表面 8mm 的地方创建基准平面 2，如图 6-138 所示。

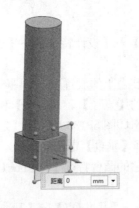

图 6-136　【基准平面】对话框　　　　图 6-137　创建基准平面 1　　　　图 6-138　创建基准平面 2

5. 创建凸台特征 2

1）执行【菜单】→【插入】→【设计特征】→【凸台（原有）】命令，弹出【支管】对话框。

2）按图 6-139 所示设置对话框中的参数。

3）在实体中选择基准平面 1 作为凸台 2 的放置面，如图 6-140 所示。在弹出的对话框中单击【反向】按钮，调整凸台的创建方向。

图 6-139 设置【支管】对话框中的参数

图 6-140 选择凸台 2 的放置面

4）在【支管】对话框中，单击【确定】按钮，弹出如图 6-141 所示的【定位】对话框 2。

5）在【定位】对话框中选择【垂直】定位方式，定位后的尺寸示意 2 如图 6-142 所示。

6）单击【确定】按钮，创建的凸台特征 2 如图 6-143 所示。

图 6-141 【定位】对话框 2

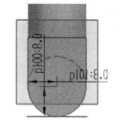

图 6-142 定位后的尺寸示意 2

图 6-143 创建的凸台特征 2

6. 创建矩形腔体特征

1）执行【菜单】→【插入】→【设计特征】→【腔（原有）】命令，弹出如图 6-144 所示的【腔】对话框。

2）在【腔】对话框中单击【矩形】按钮，弹出如图 6-145 所示的【矩形腔】对话框。

3）在实体中选择基准平面 2 作为腔放置面，如图 6-146 所示。弹出如图 6-147 所示的【水平参考】对话框。

图 6-144 【腔】对话框

图 6-145 【矩形腔】对话框

图 6-146 选择腔放置面

4）选择长方体的上表面中平行于 Y 轴的边，弹出【矩形腔】对话框。

5）按图 6-148 所示设置对话框中的参数。

图 6-147　【水平参考】对话框　　　　　图 6-148　设置【矩形腔】对话框中的参数

6）单击【确定】按钮，弹出【定位】对话框。

7）在【定位】对话框中选取【垂直】方式 进行定位，腔中心线与长方体两边的距离均为 8，定位后的尺寸示意 3 如图 6-149 所示。

8）单击【确定】按钮，创建的矩形腔体特征如图 6-150 所示。

7. 创建孔特征

1）选择【主页】→【特征】→【孔】选项 ，弹出如图 6-151 所示的【孔】对话框。

2）在【类型】下拉列表中选择【常规孔】选项，在【成形】下拉列表中选择【简单孔】选项，分别在【直径】、【深度】和【顶锥角】文本框中输入 8、16 和 0。

3）捕捉圆弧圆心为孔位置，如图 6-152 所示。

4）单击【确定】按钮，创建的孔特征如图 6-153 所示。

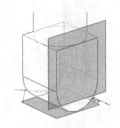

图 6-149　定位后的尺寸
示意 3

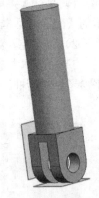

图 6-150　创建的　　　　　图 6-151　【孔】对话框　　　　　图 6-152　选择孔　　　　　图 6-153　创建的
矩形腔体特征　　　　　　　　　　　　　　　　　　　　　　　位置　　　　　　　　　　孔特征

8. 创建凸台特征 3

1）执行【菜单】→【插入】→【设计特征】→【凸台（原有）】命令，弹出【支管】对话框。

2）按图 6-154 所示设置对话框中的参数。

3）在实体中选择凸台上表面作为凸台 3 放置面，如图 6-155 所示。

4）单击【确定】按钮，弹出【定位】对话框。

5）在【定位】对话框中选择【点落在点上】定位方式，选择圆柱边定位凸台，如图 6-156 所示。

6）弹出【设置圆弧的位置】对话框，单击【圆弧中心】按钮，创建的凸台特征 3，如图 6-157 所示。

图 6-154　设置【支管】对话框中的参数　　图 6-155　选择凸台 3 的放置面　　图 6-156　选择圆柱边　　图 6-157　创建的凸台特征 3

9. 创建矩形槽特征

1）执行【菜单】→【插入】→【设计特征】→【槽】命令，或者选择【主页】→【特征】→【槽】选项，弹出如图 6-158 所示的【槽】对话框。

2）在【槽】对话框中单击【矩形】按钮，弹出如图 6-159 所示的【矩形槽】对话框。

3）在工作区中选择槽的放置面，如图 6-160 所示。同时，弹出【矩形槽】参数输入对话框。

图 6-158　【槽】对话框　　图 6-159　【矩形槽】对话框　　图 6-160　选择槽的放置面

4）按图 6-161 所示设置对话框中的参数。

5）在【矩形槽】参数输入对话框中单击【确定】按钮，弹出如图 6-162 所示的【定位槽】对话框。

图 6-161　设置【矩形槽】
对话框中的参数

图 6-162　【定位槽】
对话框

图 6-163　【创建表达式】
对话框

6）在工作区中依次选择圆柱体的上表面圆弧和槽的下表面圆弧为定位边缘，弹出如图 6-163 所示的【创建表达式】对话框。

7）在【p14】文本框中输入 0，单击【确定】按钮，创建的矩形槽特征如图 6-164 所示。

10. 创建矩形垫块特征

1）执行【菜单】→【插入】→【设计特征】→【垫块（原有）】命令，弹出如图 6-165 所示的【垫块】对话框。

2）在【垫块】对话框中单击【矩形】按钮，弹出如图 6-166 所示的【矩形垫块】对话框。

图 6-164　创建的矩形槽特征　　　图 6-165　【垫块】对话框　　　图 6-166　【矩形垫块】对话框

3）选择图 6-167 所示的面作为垫块放置面，弹出如图 6-168 所示的【水平参考】对话框。

4）在工作中选择长方体内与 Y 轴平行的边，弹出【矩形垫块】参数输入对话框。

5）按图 6-169 所示设置对话框中的参数。

图 6-167　选择垫块
放置面

图 6-168　【水平参考】对话框

图 6-169　设置【矩形垫块】对话框中
的参数

6）单击【确定】按钮，弹出如图 6-170 所示的【定位】对话框 3。

7）在【定位】对话框中选择【垂直】方式 进行定位，定位后的尺寸示意 4，如图 6-171 所示。

8）单击【确定】按钮，创建的矩形垫块特征如图 6-172 所示。

9）采用同样的方法在凸台上表面的对称位置创建另一个垫块，即可完成机械臂小臂的创建。

图 6-170　【定位】对话框 3

图 6-171　定位后的尺寸示意 4

图 6-172　创建的矩形垫块特征

6.3　GC 工具箱

GC 工具箱是 UG NX 8.0 以后新增的功能，包括 GC 数据规范、齿轮建模、弹簧设计、加工准备、注释等，本节主要介绍齿轮建模和弹簧设计的创建。

6.3.1　齿轮建模

选择【菜单】→【GC 工具箱】→【齿轮建模】下拉菜单，如图 6-173 所示。齿轮建模工具箱可用于创建圆柱齿轮和锥齿轮，可以编辑齿轮和保留它与其他实体的几何关系，也可以显示齿轮的几何信息，进行转换齿轮、齿轮啮合及删除齿轮等操作。

下面以斜齿轮为例，介绍齿轮建模的创建步骤。

1. 新建文件

选择【菜单】→【文件】→【新建】命令，或者单击【快速访问】工具栏中的【新建】按钮，弹出【新建】对话框。在【模板】列表框中选择【模型】，在【文件名】文本框中输入 chilun，单击【确定】按钮，进入 UG NX 12.0 工作窗口。

2. 创建齿轮

1）选择【菜单】→【GC 工具箱】→【齿轮建模】→【柱齿轮】命令，弹出如图 6-174 所

图 6-173　【齿轮建模】下拉菜单

示的【渐开线圆柱齿轮建模】对话框。

　　2）选择【创建齿轮】单选按钮，单击【确定】按钮，弹出如图 6-175 所示的【渐开线圆柱齿轮类型】对话框。选择【斜齿轮】、【外啮合齿轮】和【滚齿】单选按钮，单击【确定】按钮。

　　3）弹出如图 6-176 所示的【渐开线圆柱齿轮参数】对话框。在【标准齿轮】选项卡中选择 Left-hand 螺旋方式，在【法向模数】、【牙数】、【齿宽】、【法向压力角】和 Helix Angle（degree）文本框中输入 3、27、65、20 和 15，单击【确定】按钮。

图 6-174　【渐开线圆柱　　　　　图 6-175　【渐开线圆柱　　　　　图 6-176　【渐开线圆柱
　　　　　齿轮建模】对话框　　　　　　　齿轮类型】对话框　　　　　　　齿轮参数】对话框

　　4）弹出如图 6-177 所示的【矢量】对话框。在矢量【类型】下拉列表中选择【zc 轴】，单击【确定】按钮，弹出如图 6-178 所示的【点】对话框。输入坐标点为（0，0，0），单击【确定】按钮，创建斜齿轮，如图 6-179 所示。

图 6-177　【矢量】对话框　　　　　图 6-178　【点】对话框　　　　　图 6-179　创建斜齿轮

6.3.2 弹簧设计

选择【菜单】→【GC 工具箱】→【弹簧设计】下拉菜单，如图 6-180 所示。弹簧建模工具箱可用于创建圆柱压缩弹簧和圆柱拉伸弹簧，还可以显示弹簧的几何信息并进行删除弹簧等操作。

下面以圆柱压缩弹簧为例，介绍弹簧的创建步骤。

1. 新建文件

执行【菜单】→【文件】→【新建】命令，或者选择【快速访问】工具栏中的【新建】按钮，弹出【新建】对话框。在【模板】列表框中选择【模型】，输入名称为 tanhuang，单击【确定】按钮，进入建模环境。

2. 创建弹簧

1）执行【菜单】→【GC 工具箱】→【弹簧设计】→【圆柱压缩弹簧】命令，弹出如图 6-181 所示的【圆柱压缩弹簧】对话框。

2）选择【选择类型】为【输入参数】，选择【创建方式】为【在工作部件中】，【指定矢量】为 zc 轴，指定坐标原点为弹簧起始点，名称采用默认，单击【下一步】按钮。

3）选择【输入参数】选项卡，如图 6-182 所示。在对话框选择【旋向】为【右旋】，选择【端部结构】为【并紧磨平】，在【中间直径】、【钢丝直径】、【自由高度】、【有效圈数】和【支承圈数】文本框中输入 26、3、90、8 和 12。单击【下一步】按钮。

图 6-181 【圆柱压缩弹簧】对话框

图 6-182 【输入参数】选项卡

4）选择【显示结果】选项卡，如图 6-183 所示。显示弹簧的各个参数，单击【完成】按钮，完成圆柱压缩弹簧的创建，如图 6-184 所示。

6.3.3 实例——斜齿轮

本例创建斜齿轮，利用 GC 工具箱中的圆柱齿轮命令创建圆柱齿轮的主体，然后创建轴孔，再创建减重孔，最后创建键槽。

1）创建新文件。新建 xiechilun 文件，在【模板】中选择【模型】，单击【确定】按钮，进入建模环境。

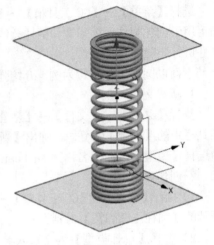

图 6-183 【显示结果】选项卡   图 6-184   创建的圆柱压缩弹簧

2）创建齿轮基体。执行【菜单】→【GC 工具箱】→【齿轮建模】→【柱齿轮】命令，或者选择【主页】→【齿轮建模-GC 工具箱】→【柱齿轮建模】选项，弹出【渐开线圆柱齿轮建模】对话框。选择【创建齿轮】单选按钮，单击【确定】按钮，弹出如图 6-185 所示的【渐开线圆柱齿轮类型】对话框。选择【斜齿轮】、【外啮合齿轮】和【滚齿】单选按钮，单击【确定】按钮，弹出如图 6-186 所示的【渐开线圆柱齿轮参数】对话框。在【标准齿轮】选项卡中输入【法向模数】、【牙数】、【齿宽】、【法向压力角】和 Helix Angle（degree）为 2.5，165，85，20 和 13.9，单击【确定】按钮。

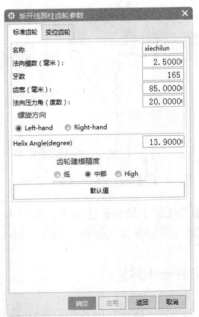

图 6-185 【渐开线圆柱齿轮类型】对话框   图 6-186 【渐开线圆柱齿轮参数】对话框

弹出如图 6-187 所示的【矢量】对话框。在【类型】下拉列表中选择【ZC 轴】，单击【确定】按钮，弹出如图 6-188 所示的【点】对话框。输入坐标点为（0，0，0），单击【确定】按钮，创建的圆柱斜齿轮如图 6-189 所示。

图 6-187　【矢量】对话框　　　图 6-188　【点】对话框　　　图 6-189　创建的圆柱斜齿轮

3）创建孔。执行【菜单】→【插入】→【设计特征】→【孔】命令，或者选择【主页】→【特征】→"孔"选项，弹出如图 6-190 所示的【孔】对话框。在【类型】下拉列表中选择【常规孔】，在【成形】下拉列表中选择【简单孔】，在"直径"和"深度限制"下拉列表中分别选择 75 和【贯通体】。捕捉图 6-191 所示的圆心为孔位置，单击【确定】按钮，完成孔的创建，如图 6-192 所示。

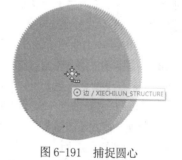

图 6-191　捕捉圆心

图 6-190　【孔】对话框

图 6-192　创建孔

4）创建减重孔。执行【菜单】→【插入】→【设计特征】→【孔】命令，或者选择【主页】→【特征】→【孔】选项，弹出如图 6-193 所示【孔】对话框。在【类型】下拉列表中选择【常规孔】，在【成形】下拉列表中选择【简单孔】，在【直径】和【深度限制】下拉列表中分别选择 70 和【贯通体】。单击【绘制截面】按钮，弹出【创建草图】对话框。选择圆柱体的上表面为孔放置面，进入草图工作环境。弹出【草图点】对话框，创建点，如图 6-194 所示。单击【主页】功能区【草图】组中的【完成】按钮🏁，草图绘制完毕，返回到【孔】对话框。单击【确定】按钮，完成减重孔的创建，如图 6-195 所示。

图 6-193　【孔】对话框

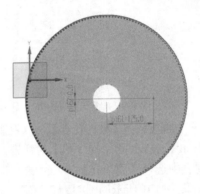

图 6-194　创建点

图 6-195　创建减重孔

5）阵列孔特征。执行【菜单】→【插入】→【关联复制】→【阵列特征】命令，或者选择【主页】→【特征】→【阵列特征】选项💠，弹出如图 6-196 所示的【阵列特征】对话框。选择第 4）步创建的简单孔为要阵列的特征。在【布局】下拉列表中选择【圆形】，在【指定矢量】下拉列表中选择【ZC 轴】为旋转轴，指定坐标原点为旋转点。在【间距】下拉列表中选择【数量和间隔】选项，输入【数量】和【节距角】为 6 和 60，单击【确定】按钮，如图 6-197 所示。

6）绘制草图。执行【菜单】→【插入】→【在任务环境中绘制草图】命令，进入草图工作环境，选择圆柱齿轮的外表面为工作平面，绘制草图，如图 6-198 所示。单击【主页】功能区【草图】组中的【完成】按钮🏁，草图绘制完毕。

7）创建减重槽。执行【菜单】→【插入】→【设计特征】→【拉伸】命令，或者选择【主页】→【特征】→【拉伸】选项🗍，弹出如图 6-199 所示【拉伸】对话框。选择上步骤绘制的草图为拉伸曲线，在【指定矢量】下拉列表中选择【ZC 轴】为拉伸方向，在【开始】的【距离】和【结束】的【距离】中输入 0 和 25，在【布尔】下拉列表中选择【减去】选项，单击【确定】按钮，创建如图 6-200 所示的减重槽。

图 6-196　【阵列特征】对话框

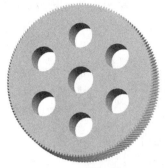

图 6-197　阵列孔特征

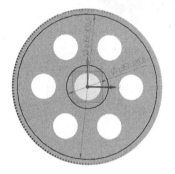

图 6-198　绘制草图

图 6-199　【拉伸】对话框

图 6-200　创建减重槽

8）拔模。执行【菜单】→【插入】→【细节特征→【拔模】命令，或者选择【主页】→【特征】→【拔模】选项，弹出如图 6-201 所示【拔模】对话框。选择【边】类型，在【指定矢量】下拉列表中选择【ZC 轴】为脱模方向，选择如图 6-202 所示的边为固定边 1，输入【角度 1】为 20，单击【应用】按钮。

图 6-201　【拔模】对话框

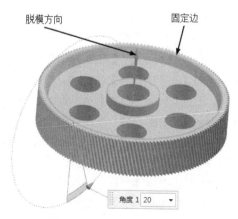

图 6-202　选择固定边 1

　　重复上述步骤，选择如图 6-203 所示的边为固定边 2，单击【确定】按钮，完成拔模操作，创建拔模特征，如图 6-204 所示。

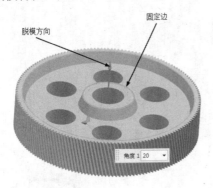

图 6-203　选择固定边 2　　　　　　　　　　图 6-204　创建拔模特征

　　9）边倒圆。执行【菜单】→【插入】→【细节特征】→【边倒圆】命令，或者选择【主页】→【特征】→【边倒圆】选项 ，弹出如图 6-205 所示的【边倒圆】对话框。选择如图 6-206 所示的边，输入圆角【半径 1】为 8，单击【确定】按钮，如图 6-207 所示。

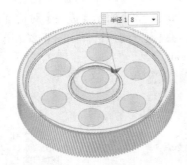

图 6-205　【边倒圆】对话框　　　　　图 6-206　选择边　　　　图 6-207　创建边倒圆

　　10）创建倒角。执行【菜单】→【插入】→【细节特征】→【倒斜角】命令，或者选择【主页】→【特征】→【倒斜角】选项 ，弹出如图 6-208 所示的【倒斜角】对话框。选择如图 6-209 所示的倒角边，选择【对称】横截面，将【偏置】的【距离】设置为 3，单击【确定】按钮，创建倒角特征，如图 6-210 所示。

　　11）镜像特征。执行【菜单】→【插入】→【关联复制】→【镜像特征】命令，或者选择【主页】→【特征】→【镜像特征】选项 ，弹出如图 6-211 所示【镜像特征】对话框。在相关特征列表中选择拉伸特征、拔模特征、边倒圆和倒斜角为镜像特征，在【平面】下拉列表中选择【新平面】选项，在【指定平面】下拉列表中选择【XC-YC 平面】，输入【距离】为 42.5，如图 6-212 所示，单击【确定】按钮，镜像特征，如图 6-213 所示。

图 6-208　【倒斜角】对话框

图 6-209　选择倒角边

图 6-210　创建倒角特征

图 6-211　【镜像特征】对话框

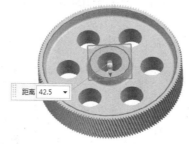

图 6-212　选择镜像平面

图 6-213　镜像特征

12）创建基准平面。执行【菜单】→【插入】→【基准/点】→【基准平面】命令，或者选择【主页】→【特征】→【基准平面】选项□，弹出如图 6-214 所示【基准平面】对话框。选择【YC-ZC 平面】类型，设置偏置【距离】为 40，单击【应用】按钮，创建与所选基准面平行的基准平面；选择【XC-ZC 平面】类型，设置偏置【距离】为 0，单击【应用】按钮；选择【XC-YC 平面】类型，设置偏置【距离】为 0，单击【确定】按钮，如图 6-215 所示。

图 6-214　【基准平面】对话框

图 6-215　创建基准平面

13）创建腔。弹出【菜单】→【插入】→【设计特征】→【腔（原有）】命令，弹出如图

6-216 所示【腔】对话框。单击【矩形】按钮，弹出【矩形腔】对话框。选择上步骤创建的基准平面 1 作为腔的放置面，弹出【水平参考】对话框。单击【接受默认边】按钮，使腔的生成方向与默认方向相同；选择齿轮实体，弹出【水平参考】对话框。选择基准平面 2 作为水平参考，弹出【矩形腔】参数对话框，如图 6-217 所示。

图 6-216　【腔】对话框　　　　　　　　　图 6-217　【矩形腔】参数对话框

设置矩形腔的【长度】为 85，【宽度】为 12，【深度】为 10，其他参数保持默认值，单击【确定】按钮，弹出【定位】对话框。选择【垂直】定位方式，选择图 6-215 中的基准平面 2 和图 6-218 中矩形腔的长中心线 1，输入【距离】为 6。选择图 6-215 中的基准平面 3 和图 6-218 中矩形腔的短中心线 2，输入【距离】为 0，创建键槽，如图 6-219 所示。

图 6-218　选择基准平面和中心线　　　　　　图 6-219　创建键槽

6.4　综合实例——穹顶

打开随书电子资料：yuanwenjian\ 6\ qiongding_start.prt 零件，如图 6-220 所示。完成后的穹顶模型如图 6-221 所示。

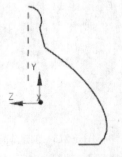

图 6-220　qiongding_start.prt 零件　　　　　图 6-221　穹顶模型

6.4.1　制作穹顶

1）执行【菜单】→【插入】→【设计特征】→【旋转】命令，或者选择【主页】→【特征】→【旋转】选项，选择草图 SKETCH_000 层曲线作为旋转曲线，如图 6-222 所示。

2）在【旋转】对话框（见图 6-223）的【指定矢量】下拉列表中选择【自动判断的矢量】选项，在【指定点】下拉列表中选择【自动判断的点】。注意，当选择矢量时，拖动鼠标放在虚线上，不要选择虚线上的点；然后选择工作区中的虚线作为轴向。指定点选择工作区中的虚线上一点即可。

图 6-222　选择旋转曲线　　　　　　图 6-223　设置【轴】选项组

3）在【旋转】对话框中设置【开始】的【角度】为 0°，【结束】的【角度】为 360°，其余为默认值。单击【确定】按钮，创建旋转特征 1 如图 6-224 所示。

4）制作穹顶的周边装饰。单击【视图】功能区【样式】组中的【静态线框】按钮，返回到线框显示模式；执行【菜单】→【格式】→【WCS】→【定向】命令，系统弹出如图 6-225 所示的对话框。选择【点，垂直于曲线】类型，选择图 6-226 所示样条曲线的端点用以放置调整后的坐标系，单击【确定】按钮，完成坐标系的调整。

图 6-224　创建旋转特征 1　　　　图 6-225　【坐标系】对话框　　　　图 6-226　调整坐标系的放置点

5）执行【菜单】→【插入】→【曲线】→【圆弧/圆】命令，弹出如图 6-227 所示的对话框。绘制圆心在原点的圆，各选项设置如图 6-227 所示。单击【确定】按钮，退出该对话框，创建的圆如图 6-228 所示。

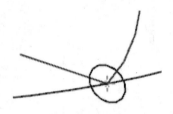

图 6-227　【圆弧/圆】对话框　　　　　　　　图 6-228　创建的圆

6）执行【菜单】→【插入】→【扫掠】→【沿引导线扫掠】命令，或者选择【主页】→【特征】→【更多】→【扫掠】库中的【沿引导线扫掠】选项，首先选择截面线串，即上步骤创建的圆，然后选择如图 6-229 所示样条曲线为引导线。【布尔】选项选择【无】，其余保持默认设置，如图 6-230 所示。单击【确定】按钮，完成扫掠体的创建，如图 6-231 所示。

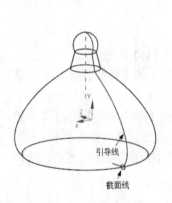

图 6-229　选择扫掠曲线串　　　图 6-230　设置【沿引导线扫掠】参数　　　图 6-231　创建扫掠体

7）执行【菜单】→【插入】→【关联复制】→【阵列特征】命令，在系统弹出【阵列特征】对话框中选择上步骤创建的扫掠体，参数设置如图 6-232 所示。将【布局】设置为【圆形】，选择如图 6-233 所示中心线作为旋转轴，【指定点】为【圆心点】，选择底面圆心点为旋转中心，在【数量】文本框中输入 12，在【节距角】文本框中输入 30，进行阵列特征操作。

8）单击【视图】功能区【样式】组中的【着色】按钮，对实体进行着色显示模式。完成后的阵列特征如图 6-234 所示。

图 6-232 设置【阵列特征】
对话框中的参数

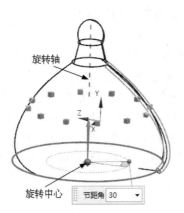

图 6-233 选择旋转轴和旋转中心

图 6-234 完成后的
阵列特征

6.4.2 制作楼身

1）按下<Ctrl+Shift+B>组合键，切换到消隐界面，如图 6-235 所示。按下<Ctrl+B>组合键，将其中的 SKETCH_002 层草图对象隐藏至模型界面，按下<Ctrl+Shift+B>组合键，切换到模型界面，完成对象的显示，如图 6-236 所示。

2）执行【菜单】→【插入】→【设计特征】→【旋转】命令，或者选择【主页】→【特征】→【旋转】选项，选择草图 SKETCH_002 层曲线为旋转曲线。

3）选择工作区的中心线作为旋转轴，如图 6-237 所示。

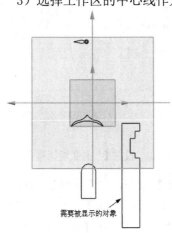

图 6-235 消隐界面

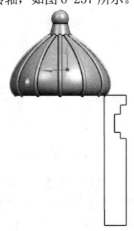

图 6-236 完成对象的显示

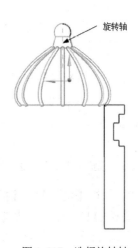

图 6-237 选择旋转轴

4）设置【开始】的【角度】为 0°，【结束】的【角度】为 360°，其余为默认值。单击【确定】按钮，创建旋转特征 2，如图 6-238 所示。

图 6-238　创建旋转特征 2

6.4.3　制作窗口

1）按下<Ctrl+Shift+B>组合键，切换到消隐界面，选择需要被显示的对象，如图 6-239 所示。按下<Ctrl+B>组合键，将其中的 SKETCH_003 层草图对象隐藏至模型界面；按下<Ctrl+Shift+B>组合键，切换到模型界面完成窗口曲线的显示，如图 6-240 所示。

2）执行【菜单】→【插入】→【设计特征】→【拉伸】命令，或者选择【主页】→【特征】→【拉伸】选项，选择刚刚显示出来的窗口曲线，如图 6-241 所示。在【开始】的【距离】文本框中输入-120，在【结束】的【距离】文本框中输入 120，在【布尔】下拉列表中选择【减去】，如图 6-242 所示。单击【确定】按钮，拉伸创建窗口，如图 6-243 所示。

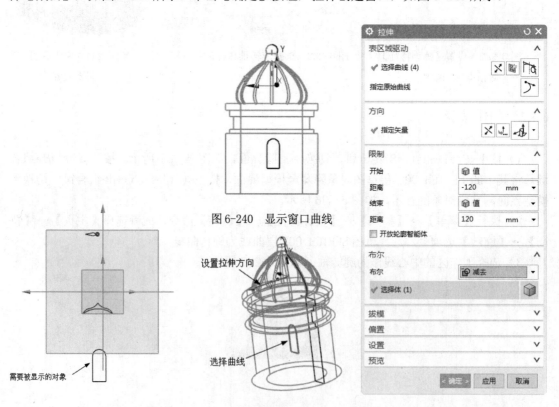

图 6-240　显示窗口曲线

图 6-239　选择需要被显示的对象　　图 6-241　选择窗口曲线　　图 6-242　设置【拉伸】对话框中的参数

3）执行【菜单】→【插入】→【关联复制】→【阵列特征】命令，在系统弹出的对话框（见图 6-244）中选择【圆形】布局，在【部件导航器中】选择【拉伸（17）】特征。设置【数量】为 3，【节距角】为 120，选择图 6-245 所示的旋转轴和旋转中心。单击【确定】按钮，完成阵列特征的创建，并对图形进行着色显示，如图 6-246 所示。

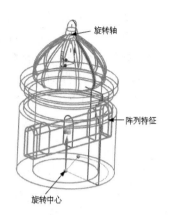

图 6-245　选择旋转轴和旋转中心

图 6-243　拉伸创建窗口　　　图 6-244　【阵列特征】对话框　　　图 6-246　阵列特征并着色显示

6.4.4　添加装饰

1. 创建楼顶图标

1）添加楼顶图标。按下<Ctrl+Shift+B>组合键，切换到消隐界面，选择需要被显示的对象 1，如图 6-247 所示。按下<Ctrl+B>组合键，将其中的 SKETCH_001 层草图对象隐藏至模型界面；按下<Ctrl+Shift+B>组合键，切换到模型界面，显示楼顶图标，如图 6-248 所示。

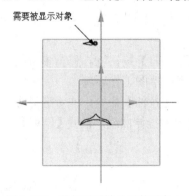

图 6-247　选择需要被显示的对象 1

图 6-248　显示楼顶图标

2）选择刚被显示的对象，右击，在弹出的快捷菜单中选择【可回滚编辑】命令，进入其对应的草图工作环境，进行对象的编辑，如图6-249所示。

3）按下<Ctrl+T>组合键，弹出【移动对象】对话框。选择图6-250所示的对象，单击【指定轴点】按钮，选择圆心点；在【角度】文本框中输入90°，在【非关联副本数】文本框中输入3，如图6-251所示。单击【确定】按钮，完成移动对象操作，如图6-252所示。

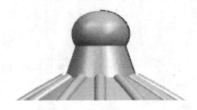

图6-249 进入草图工作环境

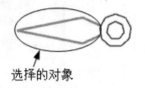

图6-250 选择移动对象

图6-251 设置【移动对象】对话框中的参数

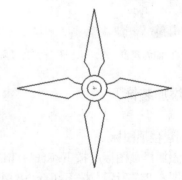

图6-252 移动对象操作

4）单击【主页】功能区【约束】组中的【几何约束】按钮，对图6-253所示的点添加【点在曲线上】的约束。

5）单击【主页】功能区【曲线】组中的【快速修剪】按钮，修剪多余的曲线，使图形成为中空的图案，如图6-254所示。单击按钮，退出草图工作环境。

6）执行【菜单】→【插入】→【设计特征】→【拉伸】命令，或者选择【主页】→【特征】→【拉伸】选项，选择刚刚修剪好的草图对象为拉伸曲线，设置【结束】【距离】为8，拉伸创建楼顶图标，如图6-255所示。

2. 添加穹顶装饰

1）按下<Ctrl+Shift+B>组合键，切换到消隐界面，选择需要被显示的对象2，如图6-256

所示。按下<Ctrl+B>组合键，将其中的 SKETCH_004 层草图对象隐藏至模型界面；按下<Ctrl+Shift+B>组合键，切换到模型界面，对对象进行线框显示，如图 6-257 所示。

图 6-253 对点添加约束

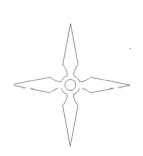

图 6-254 修剪曲线

图 6-255 拉伸创建楼顶图标

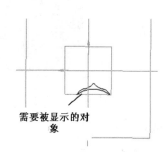

图 6-256 选择需要被显示的对象 2

图 6-257 线框显示对象

2）执行【菜单】→【插入】→【设计特征】→【拉伸】命令，或者选择【主页】→【特征】→【拉伸】选项⬚，弹出【拉伸】对话框。选择刚刚被显示的对象为拉伸曲线。设置【开始】的【距离】为70，【结束】的【距离】为100。在【布尔】下拉列表中选择【合并】选项，选择穹顶实体为【合并】的对象，单击【确定】按钮，如图 6-258 所示。

3）执行【菜单】→【插入】→【关联复制】→【阵列特征】命令，利用【圆形】布局阵列上步骤创建的穹顶装饰。设置其旋转轴和旋转中心，设置【数量】为6，【节距角】为60，单击【确定】按钮，完成阵列特征操作，如图 6-259 所示。

图 6-258 拉伸创建穹顶装饰

图 6-259 阵列创建穹顶装饰

3. 窗口圆角

执行【菜单】→【插入】→【细节特征】→【边倒圆】命令，或者选择【主页】→【特征】→【边倒圆】选项⬚，选择图 6-260 所示窗口的各边（底边除外），设置边倒圆的半径 1

为 12，单击【确定】按钮，完成边倒圆。

　　最后，按下<Ctrl+B>组合键，消隐掉所有的曲线。按下<Ctrl+J>组合键，设置穹顶及其装饰和楼身的 ID 为 131，顶部标志的显示颜色 ID 设置为 43。最终完成的穹顶模型如图 6-261 所示。

图 6-260　　选择边倒圆的边

图 6-261　　最终完成的穹顶模型

　实验1　完成图 6-262 所示零件的创建。

　操作提示：

　　1）创建长方体。

　　2）创建凸起。

　　3）拔模、边倒圆。

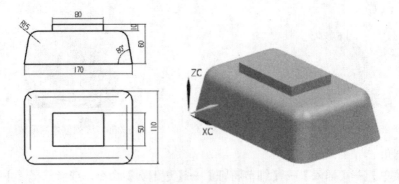

图 6-262　　实验1

实验 2 完成图 6-263 所示零件的创建。

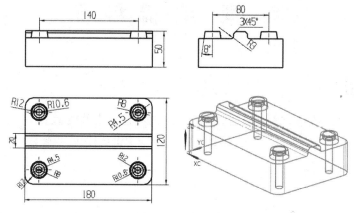

图 6-263 实验 2

操作提示:

1）创建长方体、创建凸起。

2）打孔、边倒圆、倒斜角。

1. 创建拉伸特征时，有哪几种深度定义形式？应用上有什么区别？

2. 创建阵列特征时，有几种阵列布局方式？

3. 对于圆角操作，UG NX 12.0 中提供了哪些边倒圆命令？在使用它们时，对选择的对象又有哪些要求？具体操作时，操作顺序上又需要注意些什么？

第7章 编辑特征

本章导读

初步完成三维实体建模之后，往往还需要做一些特征的更改编辑工作，需要使用更为高级的命令。另外，UG NX 12.0 还可以对来自其他 CAD 系统的模型或非参数化的模型，使用同步建模功能。

内容要点

- ♣ 特征编辑
- ♣ 同步建模

7.1 特 征 编 辑

特征编辑主要是在完成特征创建以后，对特征不满意的地方进行编辑的过程。用户可以重新调整尺寸、位置和先后顺序等，在大多数情况下，保留与其他对象建立起来的关联性，以满足新的设计要求。【编辑特征】组如图 7-1 所示。其中的命令分布在【菜单】→【编辑】→【特征】子菜单中，如图 7-2 所示。

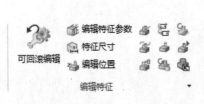

图 7-1 【编辑特征】组　　　　　　　　图 7-2 【特征】子菜单

7.1.1　编辑特征参数

执行【菜单】→【编辑】→【特征】→【编辑参数】命令，弹出如图 7-3 所示的对话框。利用该对话框，可以在创建特征或自由形式特征的方式和参数值的基础上，编辑特征或曲面特征。用户的交互作用由所选择的特征或自由形式特征类型决定。

当选择了【编辑参数】并选择了一个要编辑的特征时，根据所选择的特征，在弹出的对话框中显示的选项可能会有所变化，以下就几种常用对话框选项做一介绍。

图 7-3　【编辑参数】对话框

1）【特征编辑】：列出选择特征的参数名和参数值，并可在其中输入新值。所有特征都出现在此对话框中。例如，一个带槽的长方体，想要编辑槽的宽度，在选择槽后，它的尺寸就显示在工作区中。选择宽度尺寸，在对话框中输入一个新值即可，如图 7-4 所示。

2）【重新附着】：重新定义特征的特征参考，可以改变特征的位置或方向。可以重新附着的特征才出现此对话框，如图 7-5 所示。

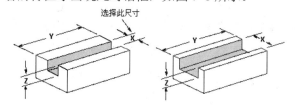

图 7-4　【特征编辑】示意

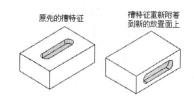

图 7-5　【重新附着】示意

【例 7-1】　编辑特征参数。

打开随书电子资料：yuanwenjian\ 7\bianjitezheng.prt 零件，如图 7-6 所示。

1）执行【菜单】→【编辑】→【特征】→【编辑参数】命令，选择【拉伸（18）】特征，单击【确定】按钮，如图 7-7 所示。

2）弹出【拉伸】对话框。在【结束】的【距离】文本框中输入 20，单击【确定】按钮，完成特征参数的编辑，如图 7-8 所示。

图 7-6　bianjitezheng.prt 零件

图 7-7　选择【拉伸（18）】特征

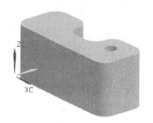

图 7-8　编辑特征参数

3）将文件另存为 bianjitezhengcanshu。

7.1.2　编辑位置

执行【菜单】→【编辑】→【特征】→【编辑位置】命令，另外也可以在右侧资源工具条的【部件导航器】相应对象上右击，在弹出的快捷菜单中选择【编辑位置】，弹出如图 7-9 所示的对话框。该对话框允许通过编辑特征的定位尺寸来移动特征。可以编辑尺寸值、添加尺寸或删除尺寸。该对话框中各选项的功能如下所述。

1）【添加尺寸】：用它可以给特征增加定位尺寸。

2）【编辑尺寸值】：允许通过改变选择的定位尺寸的特征值来移动特征。

3）【删除尺寸】：用它可以从特征中删除选择的定位尺寸。

需要注意的是：当增加定位尺寸时，当前编辑对象的尺寸不能依赖于创建时间晚于它的特征体。例如，在图 7-10 中，特征按其生成的顺序编号，如果想定位特征 2，不能使用任何来自特征 3 的物体作为标注尺寸的几何体。

【例 7-2】　编辑孔位置。

打开例 7-1 所编辑后的结果文件：bianjitezhengcanshu。

1）执行【菜单】→【编辑】→【特征】→【编辑位置】命令，选择【简单孔（19）】特征，单击【确定】按钮，如图 7-11 所示。

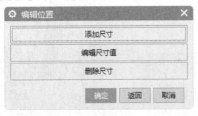

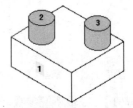

图 7-9　【编辑位置】对话框　　　　　　　　图 7-10　特征顺序示意

2）弹出【编辑位置】对话框，如图 7-12 所示。单击【编辑尺寸值】按钮，依次编辑水平尺寸，10 为 5；竖直尺寸，8 为 5，连续单击【确定】按钮，完成特征位置的编辑，如图 7-13 所示。

图 7-11　选择【简单孔（19）】　　　　图 7-12　【编辑位置】对话框　　　　图 7-13　编辑特征位置
　　　　　特征

3）将文件另存为 bianjitezhengweizhi。

7.1.3　移动特征

执行【菜单】→【编辑】→【特征】→【移动】命令，弹出如图 7-14 所示的对话框。利用该对话框，可以把无关联的特征移到需要的位置，但不能用来移动位置已经用定位尺寸约束的特征。如果想移动这样的特征，需要使用【编辑定位尺寸】选项。该对话框中各选项的功能如下所述。

1）【DXC】、【DYC】、【DZC】增量：用矩形（XC 增量、YC 增量、ZC 增量）坐标指定距离和方向，可以移动一个特征。该特征相对于工作坐标系移动。

2）【至一点】：用它可以将特征从参考点移动到目标点。

3）【在两轴间旋转】：通过在参考轴和目标轴之间旋转特征来移动特征，如图 7-15 所示。

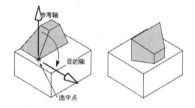

图 7-14　【移动特征】对话框　　　　　图 7-15　利用【在两轴间旋转】移动特征

4）【坐标系到坐标系】：将特征从参考坐标系中的位置重新定位到目标坐标系中。

7.1.4　特征重排序

执行【菜单】→【编辑】→【特征】→【重排序】命令，弹出如图 7-16 所示的对话框。利用该对话框，可以在选定参考特征之前或之后对所需要的特征进行重新排序。该对话框中部分选项的功能如下所述。

1）【参考特征】：列出部件中出现的特征。所有特征连同其圆括号中的时间标记一起显示于列表框中。

2）【选择方法】：该选项用来指定如何对重定位特征进行重新排序，允许选择相对参考特征来放置重定位特征的位置。

➢【之前】：选择的重定位特征将被移动到参考特征之前。

➢【之后】：选择的重定位特征将被移动到参考特征之后。

图 7-16　【特征重排序】对话框

3）【重定位特征】：允许选择相对于参考特征要移动的重定位特征。

7.1.5　替换特征

执行【菜单】→【编辑】→【特征】→【替换】命令，弹出如图 7-17 所示的对话框。利用该对话框，可以改变设计的基本几何体，而无须从头开始重构所有依附特征。允许替换体和基准，并允许将依附特征从先前的重新应用到新特征上，从而保持与后段流程特征的关联。

　　该对话框中部分选项的功能如下所述

　　1）【要替换的特征】：用于选择要替换的原先的特征。原先的特征可以是相同体上的一组特征、一个基准平面特征或一个基准轴特征。

　　2）【替换特征】：用于选择一些特征作为替换特征，来替换【要替换的特征】选择步骤中选择的那些特征。

　　3）【映射】：该选项允许为替换子特征来选择新的父特征。

　　4）【删除原始特征】：如果要删除正被替换的特征，则勾选该复选框；如果要保存特征副本或正被替换的特征，则不勾选该复选框。

7.1.6　抑制/取消抑制特征

　　1）执行【菜单】→【编辑】→【特征】→【抑制】命令，弹出如图 7-18 所示的对话框。利用该对话框可以临时从目标体及显示中删除一个或多个特征，当抑制有关联的特征时，关联的特征也被抑制，如图 7-19 所示。

图 7-17　【替换特征】对话框

图 7-18　【抑制特征】对话框

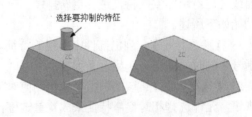

选择要抑制的特征

图 7-19　【抑制】示意

　　实际上，抑制的特征依然存在于数据库中，只是将其从模型中删除了。因为特征依然存在，所以可以用【取消抑制特征】调用它们。如果不想让对话框中的【选定的特征】列表框中包括任何依附，可以不勾选【列出相关对象】复选框（如果选择的特征有许多依附的话，这样操作可显著地缩短执行时间）。

　　2）执行【菜单】→【编辑】→【特征】→【取消抑制】命令，或者单击【主页】功能区【编辑特征】组中的【取消抑制特征】按钮，则会调用先前抑制的特征。如果【编辑时延迟更新】是激活的，则不可用。

7.1.7 由表达式抑制

执行【菜单】→【编辑】→【特征】→【由表达式抑制】命令，弹出如图 7-20 所示的对话框。通过该对话框，可利用表达式编辑器定义的表达式来抑制特征。此表达式编辑器提供一个可用于编辑的抑制表达式列表。在【表达式选项】下拉列表中包括以下几个选项。

1）【为每个创建】：允许为每一个选择的特征创建单个的抑制表达式。对话框中显示的所有特征可以是被抑制的、被释放的或无抑制表达式的特征。如果选择的特征是被抑制的，则其新的抑制表达式的值为 0，否则为 1。按升序自动生成抑制表达式（即 p22、p23、p24 等）。

图 7-20 【由表达式抑制】对话框

2）【创建共享的】：允许创建被所有选择特征共用的单个抑制表达式。对话框中显示的所有特征可以是被抑制的、被释放的或无抑制表达式的特征。所有选择的特征必须具有相同的状态，或者是被抑制的或者是被释放的。如果它们是被抑制的，则其抑制表达式的值为 0，否则为 1。当编辑表达式时，如果任何特征是被抑制的或被释放的，则其他有相同表达式的特征也是被抑制的或被释放的。

3）【为每个删除】：允许删除选择特征的抑制表达式。对话框中显示具有抑制表达式的所有特征。

4）【删除共享的】：允许删除选择特征的共有的抑制表达式。对话框中显示包含共有的抑制表达式的所有特征。如果选择该特征，则对话框中高亮显示共有该相同表达式的其他特征。

7.1.8 移除参数

执行【菜单】→【编辑】→【特征】→【移除参数】命令，弹出如图 7-21 所示的对话框。利用该对话框，可以从一个或多个实体和片体中删除所有参数，还可以从与特征相关联的曲线和点删除参数，使其没有关联。如果【编辑时延迟更新】是激活的，则不可用。

图 7-21 【移除参数】对话框

 提示

一般情况下，用户需要传送自己的文件，但不希望别人看到自己建模过程的具体参数，可以使用该方法去掉参数。

7.1.9 编辑实体密度

执行【菜单】→【编辑】→【特征】→【实体密度】命令，弹出如图 7-22 所示的对话框。

利用该对话框,可以改变一个或多个已有实体的密度和/或密度单位。当改变密度单位时,系统会重新计算新单位的当前实体密度值,如果需要也可以改变密度值。

7.1.10 特征重播

执行【菜单】→【编辑】→【特征】→【重播】命令,弹出如图 7-23 所示的对话框。利用该对话框,可以逐个查看模型是如何生成的。

图 7-22 【指派实体密度】对话框

可以在特征重播过程中查看特征是否存在问题,并在必要时修复问题。重播停止时显示的特征自动成为当前特征。也可以设置自动重播中每一步的时间间隔。

该对话框中部分选项的功能如下所述。

1)【时间戳记数】:用于指定要开始重播的特征的时间戳记数。可以在其文本框中输入数字或者移动滑块。

2)【步骤之间的秒数】:用于指定特征重播的每个步骤之间暂停的秒数。

图 7-23 【特征重播】对话框

7.2 同 步 建 模

同步建模技术扩展了 UG 的某些基本的功能,其中包括面向面的操作、基于约束的方法、圆角的重新生成和特征历史的独立,还可以对来自其他 CAD 系统的模型或非参数化的模型使用同步建模功能。

【同步建模】组如图 7-24 所示。其中的命令也分布在【菜单】→【插入】→【同步建模】子菜单中,如图 7-25 所示。

7.2.1 调整面大小

执行【菜单】→【插入】→【同步建模】→【调整面大小】命令,或者选择【主页】→【同步建模】→【调整面大小】选项 ，弹出如图 7-26 所示的对话框。利用该对话框,可以改变圆柱面或球面的直径以及锥面的半角,还能重新创建相邻圆角面。

【调整面大小】忽略模型的特征历史,是一种修改模型的快速且直接的方法;它的另一个好处是能重新创建圆角面。其操作前后对比如图 7-27 所示。

【调整面大小】对话框中部分选项的功能如下所述。

1)【面查找器】:用于选择需要重设大小的圆柱面、球面或锥面。当选择了第一个面后,直径或半角的值显示在【直径】或【半角】字段的下方。

2)【直径】:为所有选择的圆柱或球的直径指定新值。

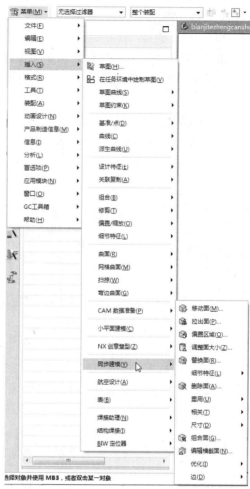

图 7-25 【同步建模】子菜单

图 7-24 【同步建模】组

图 7-26 【调整面大小】对话框

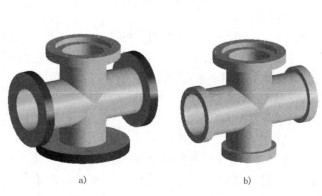

a)　　　　　　　b)

图 7-27 【调整面大小】操作前和操作后对比

a）操作前　b）操作后

【例 7-3】调整孔直径大小。

打开随书电子资料：yuanwenjian\ 7\sample_body.prt 零件，如图 7-28 所示。

1）执行【菜单】→【插入】→【同步建模】→【调整面大小】命令，或者选择【主页】→【同步建模】→【调整面大小】选项 ，选择内孔表面，设置变化后的直径值为 0.5，如图 7-29 所示。

2）单击【确定】按钮，完成面的调整，如图 7-30 所示。

3）将文件另存为 tiaozhengmian。

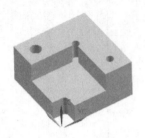

图 7-28　body.prt 零件　　　　　图 7-29　选择要调整的面　　　　　图 7-30　调整面后示意

7.2.2　偏置区域

执行【菜单】→【插入】→【同步建模】→【偏置区域】命令，或者选择【主页】→【同步建模】→【偏置区域】选项 ，弹出如图 7-31 所示的对话框。

利用该对话框，可以在单个步骤中偏置一组面或一个整体。相邻的圆角面可以有选择地重新创建。可以使用与【抽取几何特征】对话框中的【面区域】相同的种子和边界方法抽取区域来指定面，或者把面指定为目标面。【偏置区域】忽略模型的特征历史，是一种修改模型的快速而直接的方法。它的另一个好处是能重新创建圆角。

模具和铸模设计有可能使用到此选项，如使用面来进行非参数化部件的铸造。

该对话框中部分选项的功能如下所述。

1）【选择面】：用于指定一个或多个面作为要偏置的面。

2）【距离】：用于指定偏置值。该值可正可负。

图 7-31　【偏置区域】对话框

7.2.3　替换面

执行【菜单】→【插入】→【同步建模】→【替换面】命令，或者选择【主页】→【同步建模】→【替换面】选项 ，弹出如图 7-32 所示的对话框。

利用该对话框，可以用另一个面替换一组面，同时还能重新创建相邻的圆角面。当需要改变面的几何体时，如需要简化它或用一个复杂的曲面替换它时，就可以使用该对话框，甚至可以在非参数化的模型上使用【替换面】命令。其操作前后对比如图 7-33 所示。

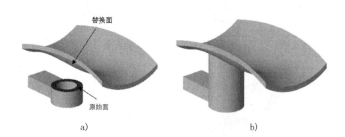

a)　　　　　　　　　　　　　　　　b)

图 7-32 【替换面】对话框

图 7-33 【替换面】操作前后对比

a）操作前　b）操作后

【替换面】对话框中部分选项的功能如下所述。

1）【原始面】：用于选择一个或多个要替换的面。允许选择任意类型的面。

2）【替换面】：用于选择一个面来替换目标面。只可以选择一个面。在某些情况下，对于一个替换面操作会出现多种可能的结果，可以用【反向】按钮在这些可能之间进行切换。

7.2.4　调整圆角大小

执行【菜单】→【插入】→【同步建模】→【细节特征】→【调整圆角大小】命令，或者选择【主页】→【同步建模】→【更多】→【细节特征】库中的【调整圆角大小】选项，弹出如图 7-34 所示的对话框。该对话框允许用户编辑圆角面半径，而不用考虑特征的创建历史，可用于数据转换文件及非参数化的实体。可以在保留相切属性的同时创建参数化特征，这是一种更为直接、更为高效地运用参数化设计的方法。其操作示意如图 7-35 所示。

图 7-34 【调整圆角大小】对话框

图 7-35 【调整圆角大小】操作示意

【例7-4】调整圆角大小。

打开随书电子资料: yuanwenjian\7\tiaozhengmian.prt 零件,将其另存为 tiaozhengjiao 零件。

1)执行【菜单】→【插入】→【同步建模】→【调整圆角大小】命令,或者选择【主页】→【同步建模】→【更多】→【细节特征】库中的【调整圆角大小】选项◢,弹出【调整圆角大小】对话框。选择要被重新圆角的区域,如图7-36所示。

2)设置调整后的圆角【半径】为0.3,单击【确定】按钮,完成圆角大小调整操作,如图7-37所示。

图7-36 选择被调整的圆角面   图7-37 调整圆角大小

7.3 综合实例——轴的同步建模

打开随书电子资料:yuanwenjian\7\book_07_03.prt 零件,如图7-38所示。结合本章所讲解的内容,通过实例的综合运用,加强对这些内容进一步的理解。图7-39所示为模型最终示意。

图7-38 book_07_03.prt 零件   图7-39 模型最终示意

主要利用同步建模技术完成对对象的如下操作:面的约束、调整面大小、区域的偏置、面的替换、局部比例及调整圆角大小等。

1)执行【菜单】→【格式】→【图层设置】命令,系统弹出如图7-40所示的对话框,设置其中的第3层为可见,如图7-41所示。

2)执行【菜单】→【插入】→【同步建模】→【相关】→【设为共面】命令,或者选择【主页】→【同步建模】→【更多】→【关联】库中的【设为共面】选项◢,系统弹出【设为共面】对话框。在工作区选择待拉伸零件的底面为运动面,如图7-42所示。

3)在工作区选择下方的基准面为固定面,如图7-43所示。单击【确定】按钮,完成实体的共面操作,如图7-44所示。

图 7-40 【图层设置】对话框

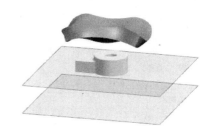

图 7-41 设置第 3 层为可见图层

图 7-42 选择运动面

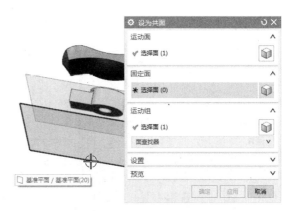

图 7-43 选择固定面

4）执行【菜单】→【插入】→【同步建模】→【移动面】命令，或者选择【主页】→【同步建模】→【移动面】选项，系统弹出【移动面】对话框。在工作区选择要移动的面，如图 7-45 所示。在【运动】下拉列表中选择【点之间的距离】。

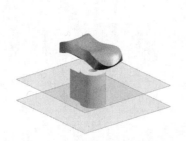

图 7-44　共面操作示意

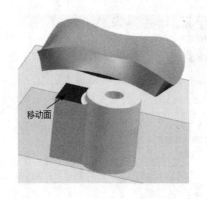

图 7-45　选择要移动的面

5）在视图中拾取移动面的端点和圆柱的圆心，在【指定矢量】下拉列表中选择 ZC 轴，在【距离】文本框中输入-2in，如图 7-46 所示。单击【确定】按钮，完成移动操作，如图 7-47 所示。

6）执行【菜单】→【插入】→【同步建模】→【调整面大小】命令，或单击【主页】功能区【同步建模】组中的【调整面大小】按钮，在工作区选择图 7-48 所示的面为要调整的面。

图 7-46　设置【移动面】对话框中的参数

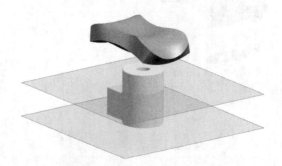

图 7-47　完成移动操作

7）在【调整面大小】对话框中的【直径】文本框中输入 4，单击【确定】按钮，完成本次操作，如图 7-48 所示。完成【调整面大小】操作后的模型如图 7-49 所示。

图 7-48　【调整面大小】操作示意

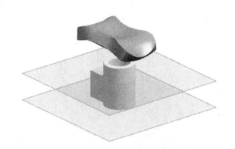

图 7-49　完成【调整面大小】操作后的模型

8）执行【菜单】→【插入】→【同步建模】→【偏置区域】命令，或者选择【主页】→【同步建模】→【偏置区域】选项 ，首先在工作区中选择要偏置的面，在【偏置区域】对话框的【距离】文本框中输入 2，然后单击【应用】按钮，如图 7-50 所示。

9）选择新的要偏置的面，即柱体的内壁，在【距离】文本框中输入 -2，单击【应用】按钮，如图 7-51 所示。完成本次操作后的模型如图 7-52 所示。

图 7-50　偏置外围操作示意

图 7-51　偏置内壁操作示意

10）执行【菜单】→【插入】→【同步建模】→【细节特征】→【调整圆角大小】命令，或者选择【主页】→【同步建模】→【更多】→【细节特征】库中的【调整圆角大小】选项 ，在工作区中选择需要调整的圆角对象，然后在【调整圆角大小】对话框的【半径】文本框中输入 1，单击【确定】按钮，完成本次操作，如图 7-53 所示。

图 7-52 完成【偏置区域】操作后的模型

图 7-53　【调整圆角大小】操作示意

11）执行【菜单】→【插入】→【同步建模】→【重用】→【阵列面】命令，或者选择【主页】→【同步建模】→【更多】→【重用】库中的【阵列面】选项 ，在弹出的【阵列面】对话框中选择【圆形】布局，在工作区中选择要阵列的面（见图 7-54，不包括底面）。

12）在【指定矢量】中选择 ZC 轴；在【指定点】下拉列表中选择 ，捕捉圆心，并在【数量】和【节距角】文本框中输入 4 和 90，如图 7-54 所示。单击【确定】按钮，完成本次操作，如图 7-55 所示。

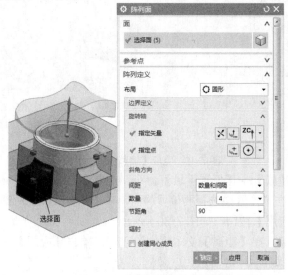

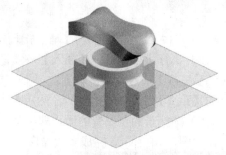

图 7-54 【阵列面】操作示意　　　　　　图 7-55　完成【阵列面】操作后的模型

13）执行【菜单】→【格式】→【图层设置】命令，设置其中的第 6 层为可见，如图 7-56 所示。

14）执行【菜单】→【插入】→【同步建模】→【替换面】命令，或者选择【主页】→【同步建模】→【替换面】选项，在弹出【替换面】对话框后，选择底面为原始面，并选择替换面，单击【确定】按钮，完成本次操作，如图 7-57 所示。

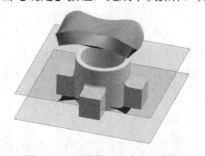

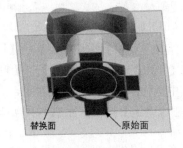

图 7-56　设置第 6 层为可见图层　　　　　　图 7-57 替换底面

15）同理，再次利用【替换面】功能来处理圆柱的上表面，如图 7-58 所示。完成【替换面】操作后的模型，如图 7-59 所示。

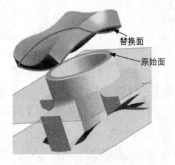

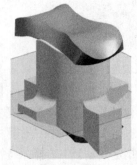

图 7-58　替换圆柱上表面　　　　　　图 7-59　完成【替换面】操作后的模型

16）利用<Ctrl+B>组合键将工具体、工具面和基准面隐藏，最终模型如图 7-60 所示。

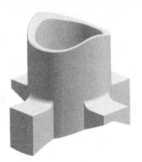

图 7-60 最终模型

实验 1　打开随书电子资料：yuanwenjian\7\exercise\ book_07_01.prt，如图 7-61 所示。完成如图 7-62 所示的特征抑制操作。

图 7-61　特征抑制前示意

图 7-62　特征抑制后示意

操作提示：

1）执行【菜单】→【编辑】→【特征】→【抑制】命令，或者在【部件导航器】中抑制特征

2）依次抑制【块】、【拔模】和【边倒圆】特征

实验 2　打开随书电子资料：yuanwenjian\7\exercise\ book_07_02.prt，完成如图 7-63 所示的特征参数移除操作。变量表如图 7-64 和图 7-65 所示。

图 7-63　零件示意

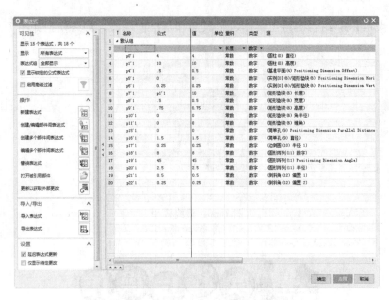

图 7-64　移除参数前的变量表

图 7-65　移除参数后的变量表

操作提示：

执行【菜单】→【编辑】→【特征】→【移除参数】命令。

1. 仅希望传输实体模型给别人，但不希望别人获得实体的特征参数信息和建模过程，该怎么办？

2. 使用【同步建模】命令时，需要注意什么？

第 8 章　UG NX 12.0 曲面功能

🖝 本章导读

　　UG NX 12.0 不仅提供了基本的特征建模模块，同时提供了强大的曲面特征建模及相应的编辑和操作功能。UG NX 12.0 提供了 20 多种曲面造型的创建方式，用户可以利用它们完成各种复杂曲面和非规则实体的创建，以及相关的编辑工作，如图 8-1 所示。强大的自由曲面功能是 UG NX 12.0 众多模块功能中的亮点之一。

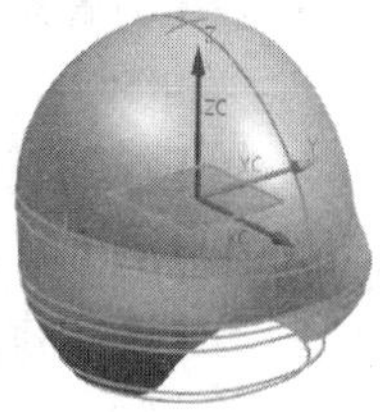

✌ 内容要点

　　♣　曲面创建　　　♣　曲面编辑　　　♣　曲面分析

图 8-1　曲面创建示意

8.1　曲　面　创　建

　　本节中主要介绍最基本的曲面命令，即通过点和曲线创建曲面，再进一步介绍由曲面创建曲面的命令功能，掌握最基本的曲面造型方法。

8.1.1　通过点或极点创建曲面

　　执行【菜单】→【插入】→【曲面】→【通过点】命令，或者执行【菜单】→【插入】→【曲面】→【从极点】命令，弹出如图 8-2 所示的对话框。

　　1）【通过点】命令可以定义体将通过的点的矩形阵列。体插补每个指定点。使用这个选项，可以很好地控制体，使它总是通过指定的点。

　　2）【从极点】命令可以指定点为定义片体外形的控制网的极点（顶点）。使用极点可以更好地控制体的全局外形和字符。使用这个命令也可以更好地避免片体中不必要的波动（曲率的反向），如图 8-3 所示。

图 8-2　【通过点】对话框

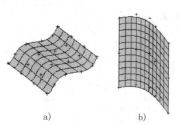

图 8-3　【通过点】和【从极点】示意

a）通过点　b）从极点

【通过点】和【从极点】对话框中的选项相同，各选项的功能如下所述。

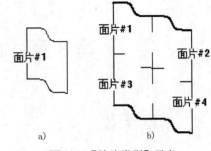

1)【补片类型】：该选项用于指定生成单个面片体或多个面片体，如图 8-4 所示。

➤ 【单个】：创建仅由一个面片组成的体。

➤ 【多个】：创建由单面片矩形阵列组成的体。

2)【沿以下方向封闭】：该选项可以使用下列选项选择一种方式来封闭一个多面片片体。

图 8-4 【补片类型】示意

a）单个面片体　b）多个面片体

➤ 【两者皆否】：片体以指定的点开始和结束，如图 8-5 所示。

➤ 【行】：点/极点的第一列变成最后一列，如图 8-6 所示。

➤ 【列】：点/极点的第一行变成最后一行。

➤ 【两者皆是】：在两个方向（行和列）上封闭体。

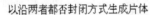

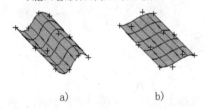

图 8-5 【两者皆否】封闭示意

a）通过点　b）从极点

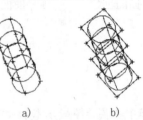

图 8-6 【行】封闭示意

a）通过点　b）从极点

如果选择在两个方向上封闭体，或者在一个方向上封闭体且另一个方向的端点是平的，则生成实体。

3)【行次数】：即 U 向，可以为多面片指定行次数（1～24），其默认值为 3。对于单面片来说，系统决定行次数是从点数最高的行开始，如图 8-7 所示。

4)【列次数】：即 V 向，可以为多面片指定列次数（最多为指定行的次数减 1），其默认值为 3，如图 8-8 所示。对于单个面片体来说，系统将此设置为指定行的次数减 1。

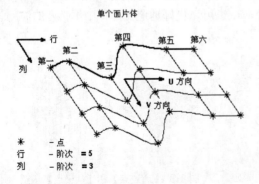

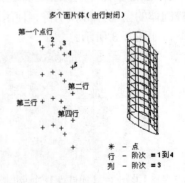

图 8-7 【单片】面片体行/列次示意　　　图 8-8 【多个】面片体行/列次示意

5)【文件中的点】：可以通过选择包含点的文件来定义这些点。有 3 种点文件类型，即一系列点、带有切矢和曲率的一系列点和点行。

每个点在单独行上用它的 XYZ 坐标来描述，用制表符或空格分开，如图 8-9 所示。

当用户完成【通过点】或【从极点】对话框设置后，系统会弹出如图 8-10 所示的【过点】对话框。用户可利用该对话框选择定义点，但该对话框中的选项仅用于【通过】点定义的命令中。该对话框中各选项的功能介绍如下。

➢ 【全部成链】：该选项用于链接窗口中已存在的定义点，但点与点之间需要一定的距离。用它来定义起点与终点，获取起点与终点之间链接的点。

➢ 【在矩形内的对象成链】：用于通过拖动鼠标定义矩形方框来选择定义点，并链接矩形方框内的点。

➢ 【在多边形内的对象成链】：用于通过鼠标来定义多边形方框来选择定义点，并链接多边形方框内的点。

➢ 【点构造器】：通过点构造器来选择定义点的位置。每指定一行点后，系统都会用对话框提示【是】或【否】，用于确定当前定义点。

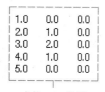

点的 XYZ 坐标

图 8-9 【文件中的点】示意

图 8-10 【过点】对话框

注：这是一个【系列点】文件，包含定义一条曲线上的 5 个点。

【例 8-1】通过定义点创建曲面。

1) 新建文件 Point_Surf.prt，执行【菜单】→【插入】→【曲线】→【直线】命令，或者选择【曲线】→【曲线】→【直线】选项，在工作区创建如 8-11 所示 4 条直线。

2) 执行【菜单】→【插入】→【曲面】→【通过点】命令，在弹出的对话框中设置【补片类型】为【单侧】，如图 8-12 所示。单击【确定】按钮，在其后弹出的对话框中选择【点构造器】选项，如图 8-13 所示。

3) 依次选择各直线上的端点，共 4 点，单击【确定】按钮，在弹出的对话框中选择【是】，确定点的获取，如图 8-14 所示；再依次选择各直线下端点，共 4 点，单击【确定】按钮，在弹出的对话框中选择【是】，确定点的获取。

图 8-11　创建直线

图 8-12　设置【通过点】对话框

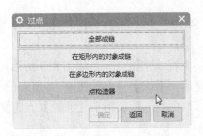

图 8-13　选择【点构造器】选项

图 8-14　确定选择点

4）在弹出的对话框中选择【所有指定的点】选项，如图 8-15 所示。完成曲面的创建，如图 8-16 所示。

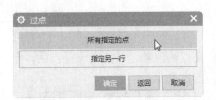

图 8-15　选择【所有指定的点】选项

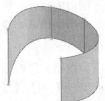

图 8-16　创建的曲面

8.1.2　拟合曲面

执行【菜单】→【插入】→【曲面】→【拟合曲面】命令，弹出如图 8-17 所示的对话框。

该对话框让用户创建一个片体，它近似于一个大的点云，通常由扫描和数字化产生。首先需要创建一些数据点；然后选择点，右击，将这些数据点组成一个组，这样才能进行对象的选择（注意组的名称只支持英文），如图 8-18 所示；最后调节各个参数，完成所需要的曲面或平面的创建。

图 8-17　【拟合曲面】对话框

图 8-18　新建组

该对话框中相关选项的功能如下所述。

1）【类型】：其下拉列表中包括【拟合自由曲面】【拟合平面】【拟合球】【拟合圆柱】和【拟合圆锥】5 个选项。

2）【目标】：当此图标激活时，让用户选择对象 ⊕。

3）【拟合方向】：由一条近似垂直于片体的矢量（对应于坐标系的 Z 轴）和两条指明片体的 U 向和 V 向的矢量（对应于坐标系的 X 轴和 Y 轴）组成。

4）【边界】：让用户定义正在生成片体的边界。片体的默认边界是通过把所有选择的数据点投影到 U-V 平面上而产生的。

5）【参数化】：该选项组用于改变 U/V 向的次数和补片数，从而调节曲面。

➤　【U/V 向次数】：让用户在 U 向和 V 向都控制片体的次数。

➤　【U/V 向补片数】：让用户指定各个方向的补片数目。各个方向的次数和补片数的结合控制着输入点和创建的片体之间的距离误差。

6）【光顺因子】：在创建完曲面后，可调节光顺因子使曲面变得更加圆滑，但这也会改变最大误差和平均误差。

7）【结果】：UG 根据用户所创建的曲面计算的最大误差和平均误差。

8.1.3　直纹面

选择【曲面】→【曲面】→【更多】→【网格曲面】库中的【直纹】选项 ◁，则会激活该功能。在依次选择完截面线串后，系统会弹出如图 8-19 所示的对话框。

利用该对话框，可以创建通过两条曲线轮廓线的直纹面（片体或实体），如图 8-20 所示。曲线轮廓线也称为截面线串。

截面线串可以由单个或多个对象组成，每个对象可以是曲线、实体边或实体面，也可以选择曲线上的点或端点作为两个截面线串中的第一个。

该对话框中相关选项的功能如下所述。

1）【截面线串 1】：单击，选择第一组截面曲线。

图 8-19　【直纹】对话框

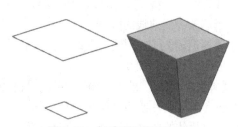

图 8-20　创建【直纹面】示意

2）【截面线串 2】：单击，选择第二组截面曲线。

要注意的是，在选择截面线串 1 和截面线串 2 时两组的方向要一致，如果两组截面线串的方向相反，则创建的曲面将是扭曲的。

3）【对齐】：通过直纹面构建片体，需要在两组截面线串上确定对应点后用直线将对应点连接起来，这样才能创建一个曲面。因此，不同的【对齐】方式改变了截面线串上对应点的分布情况，从而会创建不同的片体。在选择截面线串后，可以进行【对齐】方式的设置，【对齐】方式包括【参数】和【根据点】两种方式。

8.1.4　通过曲线组

执行【菜单】→【插入】→【网格曲面】→【通过曲线组】命令，或者选择【曲面】→【曲面】→【通过曲线组】选项，则会激活该功能。在依次选择完截面线后，系统会弹出如图 8-21 所示的对话框。

利用该对话框，可以通过选择同一方向上的一组曲线轮廓线创建一个体，如图 8-22 所示。这些曲线轮廓线也称为截面线串。通过选择截面线串来定义体的行。截面线串可以由单个对象或多个对象组成，每个对象可以是曲线、实体边或实体面。

该对话框中相关选项的功能如下所述。

1）【选择曲线或点】：当选择截面线串时，一定要注意选择次序，而且每选择一条截面线，都要单击鼠标中键一次，直到所选择线串出现在【截面线串列表】框中为止，也可对该列表框中所选的截面线串进行删除、上移、下移等操作，以改变选择次序。

2）【第一个截面】：约束该实体，使得它与一个或多个选定的面或片体在第一个截面线串处相切或曲率连续。

3）【最后一个截面】：约束该实体，使得它与一个或多个选定的面或片体在最后一个截面线串处相切或曲率连续。

4）【对齐】：用于指定截面线串之间的对齐方式。该下拉列表中包括以下选项。

➤ 【参数】：沿截面以相等的参数间隔来分隔等参数曲线连接点。NX 使用每条曲线的全长。

➤ 【弧长】：沿截面以相等的弧长间隔来分隔等参数曲线连接点。NX 使用每条曲线的全长。

➤ 【根据点】：将不同外形截面线串间的点对齐。

➤ 【距离】：在指定方向上将点沿每条曲线以相等的距离隔开。

➤ 【角度】：在指定轴线周围将点沿每条曲线以相等的角度隔开。

➤ 【脊线】：将点放置在选定曲线与垂直于输入曲线平面的相交处。得到的体宽度取决于这条脊线曲线的限制。

➤ 【根据段】：使用输入曲线的点和相切值创建曲面。新的曲面需要通过定义输入曲线的点，但不是曲线本身。

5）【补片类型】：通过【输出曲面选项】选项组【补片类型】下拉列表中的选项，可以创建一个包含单个面片或多个面片的体。面片是片体的一部分。使用越多的面片来创建片体，则用户可以对片体的曲率进行越多的局部控制。当创建片体时，最好是将用于定义片体的面片数目降到最小。限制面片的数目可改善后续程序的性能，并创建一个更光滑的片体。

6）【V 向封闭】：对于多个片体来说，封闭沿列（V 方向）的体状态取决于选定截面线串的封闭状态。如果所选的线串全部封闭，则创建的体将在 V 方向上封闭。在【输出曲面选项】选项组中勾选此复选框，片体将沿列（V 方向）封闭。

7）【公差】：在【设置】选项组中可以设置【公差】选项，该选项用于设置几何体和得到的片体之间的最大距离。默认值为距离公差建模设置。

图 8-21　【通过曲线组】对话框

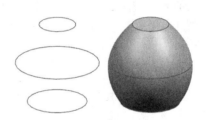

图 8-22　【通过曲线组】创建体

【例 8-2】通过曲线组创建曲面。

1）新建一个文件 Through_Surf.prt，执行【菜单】→【插入】→【曲线】→【艺术样条】命令，保持默认设置，在 X-Y 平面创建如图 8-23 所示的艺术样条。

2）执行【菜单】→【编辑】→【移动对象】命令，弹出的【移动对象】对话框，选择上一步骤创建的艺术样条，单击【确定】按钮，将【运动】设置为【距离】，【指定矢量】设置为 XC 轴，【距离】设置为 50，【非关联副本数】设置为 2，如图 8-24 所示。单击【确定】按钮，如图 8-25 所示。

图 8-23　创建艺术样条

图 8-24　设置【移动对象】
对话框中的参数

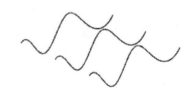

图 8-25　移动艺术样条

3）执行【菜单】→【编辑】→【变换】命令，弹出如图 8-26 所示的【变换】对话框 1。选择中间线条为变换对象，单击【确定】按钮，弹出如图 8-27 所示的【变换】对话框。

4）在弹出的如图 8-27 所示对话框 2 中单击【比例】按钮，弹出【点】对话框，如图 8-28 所示。在工作区选择图 8-29 所示的曲线端点，单击【确定】按钮，弹出【变换】对话框 3，如图 8-30 所示。设置【比例】为 0.5，单击【确定】按钮，再单击【移动】按钮，曲线发生变化；单击【取消】按钮，完成操作，如图 8-31 所示。

5）执行【菜单】→【插入】→【网格曲面】→【通过曲线组】命令，或者选择【曲面】→【曲面】→【通过曲线组】选项，依次选择 3 条艺术样条，必须使其方向一致，【通过曲线组】对话框保持默认设置，单击【确定】按钮，完成操作，如图 8-32 所示。

图 8-26　【变换】对话框 1

图 8-28　【点】对话框

图 8-27　【变换】对话框 2

图 8-30　【变换】对话框 3

曲线端点

图 8-29　选择曲线端点

图 8-31　变换并移动曲线

图 8-32　通过曲线组创建曲面

8.1.5　通过曲线网格

执行【菜单】→【插入】→【网格曲面】→【通过曲线网格】命令，或者选择【曲面】→【曲面】→【网格曲面】下拉菜单中的【通过曲线网格】选项，则会激活该功能，在依次选择完截面线串后，系统会弹出如图 8-33 所示的对话框。

利用该对话框，可以在沿着两个不同方向的一组现有曲线轮廓（称为线串）上创建体，如图 8-34 所示。创建的曲线网格体是双三次多项式的，这意味着它在 U 向和 V 向的次数都是三次的（次数为 3）。这种操作只在主线串和交叉线串不相交时才有意义。如果线串不相交，则创建的体会通过主线串或交叉线串，或两者均分。

图 8-33　【通过曲线网格】对话框

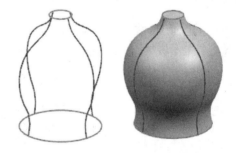

图 8-34　【通过曲线网格】创建曲线网格体

该对话框中相关选项的功能如下所述。

1）【第一主线串】：让用户约束该实体，使得它与一个或多个选定的面或片体在第一主线串处相切或曲率连续。

2）【最后主线串】：让用户约束该实体，使得它与一个或多个选定的面或片体在最后一条主线串处相切或曲率连续。

3）【第一交叉线串】：让用户约束该实体，使得它与一个或多个选定的面或片体在第一交叉线串处相切或曲率连续。

4）【最后交叉线串】：让用户约束该实体，使得它与一个或多个选定的面或片体在最后一条交叉线串处相切或曲率连续。

5）【着重】：该下拉列表中包括以下几个选项。

➢ 【两个皆是】：主线串和交叉线串（即横向线串）有同样效果。

➢ 【主线串】：主线串更有影响。

➢ 【交叉线串】：交叉线串更有影响。

6）【构造】：该下拉列表中包括以下几个选项。

➢ 【法向】：使用标准过程建立曲线网格曲面。

➢ 【样条点】：让用户通过为输入曲线使用点和这些点处的斜率值来创建体。对于此选项，选择的曲线必须是有相同数目定义点的单根 B 曲线。

这些曲线通过它们的定义点临时地重新参数化（保留所有用户定义的斜率值），然后用这些临时的曲线创建体。这有助于用更少的补片创建更简单的体。

➢ 【简单】：建立尽可能简单的曲线网格曲面。

7）【重新构建】：在【设置】选项组中可以设置该选项。该选项可以通过重新定义主曲线或交叉曲线的次数和节点数来帮助用户构建光滑曲面。仅当【构造】选项为【法向】时，该选项可用，其下拉列表中包括以下选项。

➢ 【无】：不需要重构主曲线或交叉曲线。

➢ 【次数和公差】：该选项通过手动选择主曲线或交叉曲线来替换原来曲线，并为创建的曲面指定 U/V 向次数。节点数会依据 G0、G1、G2 的公差值按需求插入。

➢ 【自动拟合】：该选项通过指定最小次数和分段数来重构曲面，系统会自动尝试利用最小次数来重构曲面；如果还达不到要求，则会再利用分段数来重构曲面。

8）【G0】、【G1】、【G2】：在【设置】→【公差】选项组中可以设置这 3 个选项。该选项用来限制生成的曲面与初始曲线间的公差。G0 默认值为位置公差；G1 默认值为相切公差；G2 默认值为曲率公差。

【例 8-3】通过曲线网格创建曲面。

打开随书电子资料：yuanwenjian\8\Sample_02.prt，如图 8-35 所示。

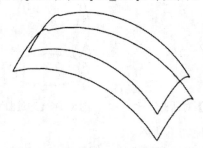

图 8-35 Sample_02.prt 文件

1）执行【菜单】→【插入】→【网格曲面】→【通过曲线网格】命令，弹出如图 8-36 所示的对话框。

2）依次选择图 8-37 所示的主线串，每选择一条后单击鼠标中键，注意界面左下角提示栏中的提示，完成主线串的选择；然后依次选择交叉线串，每选择一条后单击鼠标中键，完成交叉线串的选择。

3）采用默认设置，单击【确定】按钮，完成一个网格曲面的创建。同理，完成另一个网格曲面的创建，如图 8-38 所示。

图 8-36　【通过曲线网格】对话框

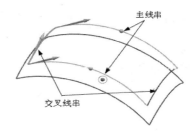

图 8-37　选择主线串和交叉线串

图 8-38　通过曲线网格创建曲面

8.1.6　扫掠

执行【菜单】→【插入】→【扫掠】→【扫掠】命令，或者选择【曲面】→【曲面】→【扫掠】选项，弹出如图 8-39 所示的对话框。

利用该对话框可以创建扫掠体，如图 8-40 所示。用预先描述的方式沿一条空间路径移动的曲线轮廓线将扫掠体定义为扫掠外形轮廓。移动曲线轮廓线也称为截面线串，该路径称为引导线串，因为它引导运动。

引导线串在扫掠方向上控制着扫掠体的方向和比例；引导线串可以由单个或多个分段组成，每个分段可以是曲线、实体边或实体面；每条引导线串的所有对象必须光顺且连续；必须提供一条、两条或三条引导线串。截面线串不必光顺，而且每条截面线串内的对象的数量可以不同；可以输入从 1 到最大数量为 150 的任何数量的截面线串。

如果所有选定的引导线串形成封闭循环，则第一条截面线串可以作为最后一条截面线串重新选定。

该对话框中部分选项的功能如下所述。

1）【方向】：其下拉列表中包括以下选项。

➢　【固定】：当截面线串沿着引导线串移动时，它保持固定的方向，并且结果是简单的平行的或平移的扫掠。

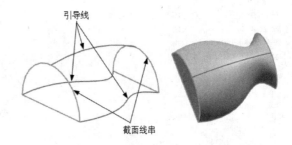

图 8-39 【扫掠】对话框　　　　　　　　　　图 8-40 【扫掠】创建扫掠体

> 【面的法向】：局部坐标系的第 2 个轴和沿引导线串的各个点处的某基面的法向矢量一致，以约束截面线串和基面的联系。
> 【矢量方向】：局部坐标系的第 2 个轴和用户在整个引导线串上指定的矢量一致。
> 【另一曲线】：通过连接引导线串上相应的点和另一条曲线来获得局部坐标系的第 2 个轴（就好像在它们之间建立了一个直纹的片体）。
> 【一个点】：和【另一条曲线】相似，不同之处在于获得第 2 个轴的方法是通过引导线串和点之间的三面直纹片体的等价物。
> 【角度规律】：让用户使用规律子功能控制扫掠体的交叉角度。
> 【强制方向】：当沿着引导线串扫掠截面线串时，让用户把截面的方向固定在一个矢量。

当只指定一条引导线串时，还可以施加比例控制。这就允许当沿着引导线串扫掠截面线串时，截面线串可以增大或减小。

2）【缩放】：其下拉列表中包括以下选项。

> 【恒定】：让用户输入一个比例因子，它沿着整个引导线串保持不变。
> 【倒圆功能】：在指定的起始比例因子和终止比例因子之间允许线性的或三次的比例，那些起始比例因子和终止比例因子对应于引导线串的起点和终点。
> 【另一曲线】：类似于方向控制中的【另一条曲线】，但是此处在任意给定点的比例是以引导线串和其他的曲线或实边之间的连线长度为基础的。

➢ 【一个点】：和【另一条曲线】相同，但是是使用点而不是曲线。在选择此种形式比例控制的同时还可以使用同一个点作为方向控制（在构造三面扫掠时）。

➢ 【面积规律】：让用户使用规律子功能控制扫掠体的交叉截面面积。

➢ 【周长规律】：类似于【面积规律】，不同的是，用户控制的是扫掠体交叉截面的周长，而不是它的面积。

【例 8-4】通过扫掠曲线创建曲面。

1）打开随书电子资料：yuanwenjian\ 8\Scan_surf.prt 文件，创建如图 8-41 所示 3 条曲线。

2）执行【菜单】→【插入】→【扫掠】→【扫掠】命令，或者选择【曲面】→【曲面】→【扫掠】选项🗞️，弹出【扫掠】对话框，选择图 8-41 所示的截面线串，单击鼠标中键；依次选择导引线串 1，单击鼠标中键；再选择导引线 2，单击鼠标中键。

3）在【扫掠】对话框中设置【截面位置】为【引导线末端】，其余保持默认设置，单击【确定】按钮，完成扫掠曲面创建，如图 8-42 所示。

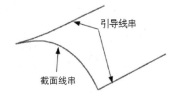

图 8-41　创建 3 条曲线

图 8-42　通过扫掠曲线创建曲面

8.1.7　截面

执行【菜单】→【插入】→【扫掠】→【截面】命令，或者选择【曲面】→【曲面】→【更多】→【扫掠】库中的【截面曲面】选项🗞️，弹出如图 8-43 所示的对话框。

利用该对话框，可以通过使用二次构造技巧定义的截面来创建体。截面自由形式特征作为位于预先描述平面内的截面曲线的无限族，开始和终止并且通过某些选定控制曲线。另外，系统从控制曲线直接获取二次端点切矢，并且使用连续的二维二次外形参数沿体改变截面的整个外形。

该对话框中部分选项的功能如下所述。

1）【类型】：其下拉列表中包括二次、圆形、三次和线性几个选项。

2）【模式】：根据选择的类型所列出的各个模式。若【类型】为【二次】，其模式包括【肩线】、Rho、【高亮显示】、【四点-斜率】和【五点】；若【类型】为【圆形】，其模式包括【三点】、【两点-半径】、【两点-斜率】、【半径-角度-圆弧】、【相切点-相切】、【中心半径】、【中心-点】、【中心-相切】、【相切-半径】和【相切-相切-半径】；若【类型】为【三次】，

图 8-43　【截面曲面】对话框

其模式包括【两个斜率】和【圆角-桥接】若【类型】为【线性】，其模式包括【点-角】和【相切-相切】。

3）【斜率控制】：可选择【按顶点】（选择定线）、【按曲线】（选择起始/终止斜率曲线）和【按面】（选择起始/终止面）。

4）【脊线】：可选择【按矢量】（指定矢量）和【按曲线】（选择脊线）。

各选项部分组合功能如下所述。

1）【二次-肩线-按顶点】：可以利用该选项创建起始于第一条选定曲线，通过一条称为肩线的内部曲线且终止于第3条选定曲线的截面自由形式特征。每个端点的斜率由选定顶点定义，如图8-44所示。

2）【二次-肩线-按曲线】：利用该选项可以创建起始于第一条选定曲线，通过一条内部曲线（称为肩线）且终止于第3条曲线的截面自由形式特征。切矢在起始点和终止点由两个不相关的切矢控制曲线定义，如图8-45所示。

图 8-44 【二次-肩线-按顶点】示意　　　　图 8-45 【二次-肩线-按曲线】示意

3）【二次-肩线-按面】：可以利用该选项创建截面自由形式特征，该特征在分别位于两个体上的两条曲线间形成光顺的圆弧。该体起始于第一条选定曲线，与第一个选定体相切；终止于第二条曲线，与第二个体相切，并且通过肩线，如图8-46所示。

4）【圆形-三点】：选择该选项，可以通过选择起始边、内部曲线、终止边和脊线来创建截面自由形式特征。片体的截面是圆弧，如图8-47所示。

图 8-46 【二次-肩线-按面】示意　　　　图 8-47 【圆形-三点】示意

5）【二次-Rho-按顶点】：可以利用该选项创建起始于第一条选定曲线且终止于第二条曲线的截面自由形式特征。每个端点的切矢由选定的顶点定义。每个二次截面的完整性由相应的Rho值控制，如图8-48所示。

6）【二次-Rho-按曲线】：选择该选项，可以创建起始于第一条选定边曲线且终止于第二条边曲线的截面自由形式特征。切矢在起始点和终止点由两个不相关的切矢控制曲线定义。每个二次截面的完整性由相应的 Rho 值控制，如图8-49所示。

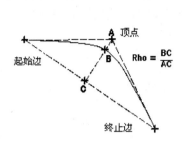

图 8-48 【二次-Rho-按顶线】示意

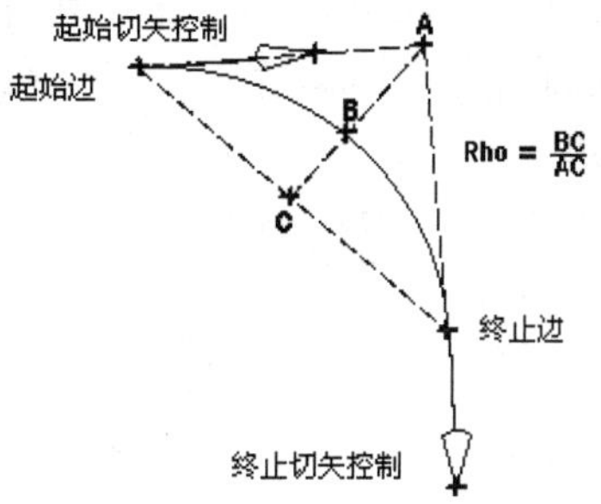

图 8-49 【二次-Rho-按曲线】示意

7）【二次-Rho-按面】：可以利用该选项创建截面自由形式特征。该特征在分别位于两个体上的两条曲线间形成光顺的圆弧，每个二次截面的完整性由相应的 Rho 值控制，如图 8-50 所示。

8）【圆形-两点-半径】：利用该选项可以创建带有指定半径圆弧截面的体。对于脊线方向，从第一条选定曲线到第二条选定曲线以逆时针方向创建体。半径必须至少是每个截面的起始边与终止边之间距离的一半，如图 8-51 所示。

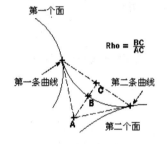

图 8-50 【二次-Rho-按面】示意

图 8-51 【圆形-两点-半径】示意

9）【二次-高亮显示-按顶点】：利用该选项可以创建带有起始于第一条选定曲线并终止于第二条曲线且与指定直线相切的二次截面的体。每个端点的切矢由选定的顶点定义，如图 8-52 所示。

10）【二次-高亮显示-按曲线】：利用该选项可以创建带有起始于第一条选定边曲线并终止于第二条边曲线且与指定直线相切的二次截面的体。切矢在起始点和终止点由两个不相关的切矢控制曲线定义，如图 8-53 所示。

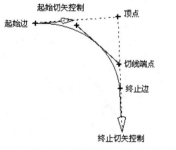

图 8-52 【二次-高亮显示-按顶点】示意

图 8-53 【二次-高亮显示-按曲线】示意

11）【二次-高亮显示-按面】：可以利用该选项创建带有在分别位于两个体上的两条曲线之间构成光顺圆弧并与指定直线相切的二次截面的体，如图 8-54 所示。

12）【圆形-两点-斜率】：利用该选项可以创建起始于第一条选定边曲线且终止于第二条边曲线的截面自由形式特征。切矢在起始点由选定的控制曲线决定。片体的截面是圆弧，如图8-55 所示。

图 8-54 【二次-高亮显示-按面】示意　　　　图 8-55 【圆形-两点-斜率】示意

13）【二次-四点-斜率】：利用该选项可以创建起始于第一条选定曲线，通过两条内部曲线且终止于第四条曲线的截面自由形式特征。也可以选择定义起始切矢的切矢控制曲线，如图8-56 所示。

14）【三次-两个斜率】：利用该选项可以创建带有截面的 S 形的体。该截面在两条选定边曲线之间构成光顺的三次圆弧。切矢在起始点和终止点由两个不相关的切矢控制曲线定义，如图 8-57 所示。

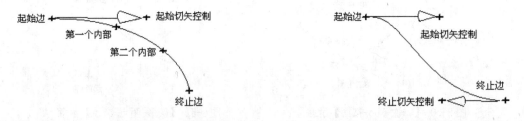

图 8-56 【二次-四点-斜率】示意　　　　　图 8-57 【三次-两个斜率】示意

15）【三次-圆角-桥接】：利用该选项可以创建一个体，该体带有在位于两组面上的两条曲线之间构成桥接的截面，如图8-58 所示。

16）【圆形-半径-角度-圆弧】：利用该选项可以通过在选定边、相切面、体的曲率半径和体的张角上定义起始点来创建带有圆弧截面的体。角度可以从-170°～0°或从 0°～170°变化，但是禁止通过 0°。半径必须大于零。曲面的默认位置在面法向的方向上，或者可以将曲面反向到相切面的反方向，如图8-59 所示。

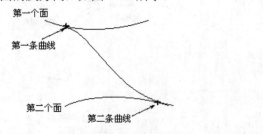 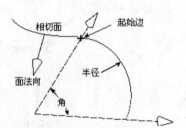

图 8-58 【三次-圆角-桥接】示意　　　　　图 8-59 【圆形-半径-角度-圆弧】示意

17）【二次-五点】：选择该选项，可以使用 5 条已有曲线作为控制曲线来创建截面自由形式特征。该体起始于第一条选定曲线，通过 3 条选定的内部控制曲线，并且终止于第 5 条选定的曲线，而且提示选择脊线。5 条控制曲线必须完全不同，但是脊线可以为先前选定的控制曲线，如图 8-60 所示。

18）【线性-相切-相切】：利用该选项可以创建与一个或多个面相切的线性截面曲面。通过选择其相切面、起始曲面和脊线来创建这个曲面，如图 8-61 所示。

图 8-60　【二次-五点】示意　　　　　　　图 8-61　【线性-相切-相切】示意

19）【圆形-相切-半径】：利用该选项可以创建与面相切的圆弧截面曲面。通过选择其相切面、起始曲线和脊线并定义曲面的半径来创建这个曲面，如图 8-62 所示。

20）【圆形-中心-半径】：可以利用该选项创建整圆截面曲面。通过选择引导线串、可选方向线串和脊线来创建圆截面曲面，然后定义曲面的半径，如图 8-63 所示。

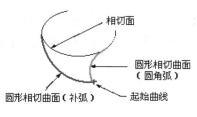　　　　　

图 8-62　【圆形-相切-半径】示意　　　　　图 8-63　【圆形-中心-半径】示意

8.1.8　延伸曲面

执行【菜单】→【插入】→【弯边曲面】→【延伸】命令，或者选择【曲面】→【曲面】→【更多】→【弯边曲面】库中的【延伸曲面】选项，弹出如图 8-64 所示的对话框。

利用该对话框可以从现有的基片体上创建切向延伸片体、曲面法向延伸片体、角度控制的延伸片体或圆弧控制的延伸片体。

该对话框中部分选项的功能如下所述。

1）【选择边 1】：选择要延伸的边后，选择延伸方法并输入延伸的长度或百分比即可创建延伸曲面。

2）【方法】：其下拉列表中包括【相切】和【圆弧】两个选项。

图 8-64　【延伸曲面】对话框

➢　【相切】：利用该选项可以创建相切于面、边或拐角的体。切向延伸通常是通过相邻于现有基面的边或拐角而创建，这是一种扩展基面的方法。这两个体在相应的点处拥有公共的切面，因而它们之间的过渡是平滑的，如图 8-65 所示。

可以为延伸的长度指定一个【固定长度】或【百分比】值。如果选择把长度指定为百分比，则可以选择【边界延伸】或【拐角延伸】。

➢ 【圆弧】：利用该选项可以从光顺曲面的边上创建一个圆弧的延伸。该延伸遵循沿着选定边的曲率半径。可以为圆弧延伸的长度指定【固定长度】或【百分比】值。

要创建圆弧的边界延伸，选定的基曲线必须是面的未裁剪的边。延伸的曲面边的长度不能大于任何由原始曲面边的曲率确定的半径区域的整圆的长度，如图 8-66 所示。

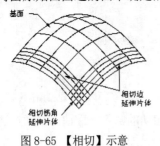

图 8-65 【相切】示意　　　　　　　　　　图 8-66 【圆弧】示意

8.1.9 规律延伸

执行【菜单】→【插入】→【弯边曲面】→【规律延伸】命令，或选择【曲面】→【曲面】→【规律延伸】选项 ，弹出如图 8-67 所示的对话框。利用【规律延伸】创建片体如图 8-68 所示。该对话框中部分选项的功能如下所述。

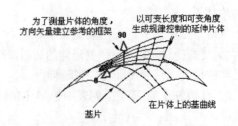

图 8-67 【规律延伸】对话框　　　　　图 8-68 利用【规律延伸】创建片体

1）【类型】：其下拉列表中包括以下几个选项。

➢ 【面】：用于选择表面参考方法。系统将以线串的中间点为原点、坐标平面垂直于曲线中点的切线及 0°轴与基础表面相切的方式确定位于线串中间点上的角度坐标参考坐标系。

➢ 【矢量】：用于选择矢量参考方法。系统会要求指定一个矢量，系统以 0°轴平行于矢量方向的方式定位线串中间点的角度参考坐标系。

2）【曲线】：选择用于延伸的线串（曲线、边、草图、表面的边）。

3）【面】：用于选择线串所在的表面。只有在【类型】为【面】时才有效。

4）【长度规律】：在【规律类型】下拉列表中选择长度规律类型，用于采用规律子功能的方式定义延伸面的长度函数。

➢ 【恒定】：选择【恒定】选项，当系统计算延伸曲面时，它沿着基本曲线线串移动，截面曲线的长度保持恒定的值。

➢ 【线性】：选择【线性】选项，当系统计算延伸曲面时，它沿着基本曲线线串移动，截面曲线的长度从基本曲线线串起始值到基本曲线线串终点的终止值呈线性变化。

➢ 【三次】选择【三次】选项，当系统计算延伸曲面时，它沿着基本曲线线串移动，截面曲线的长度从基本曲线线串起始点的起始值到基本曲线线串终点的终止值呈非线性变化。

5）【角度规律】：在【规律类型】下拉列表中选择角度规律类型，用于采用规律子功能的方式定义延伸面的角度函数。

6）【脊线】：单击【脊线串】按钮，选择脊线。脊线决定角度测量平面的方位。角度测量平面垂直于脊线。

8.1.10　桥接

执行【菜单】→【插入】→【细节特征】→【桥接】命令，或者选择【曲面】→【曲面】→【圆角】→【桥接】选项，弹出如图 8-69 所示的对话框。

利用该对话框可以创建一个连接两个面的片体。可以在桥接和定义面之间指定相切连续性或曲率连续性。可选的侧面或线串（至多两个, 任意组合）或拖动选项可以用来控制桥接片体的形状。

该对话框中部分选项的功能如下所述。

1）【选择边 1】：用于选择两个主面的边，它们会通过桥接特征连接起来，这是必需的步骤，如图 8-70 所示。

图 8-69　【桥接曲面】对话框

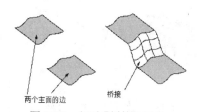

图 8-70　主面【桥接】示意

2）【选择边 2】：让用户选择一个或两个侧面的边（该步骤可选）。

3）【约束】：在【约束】选项组中包括以下几个选项。

➤ 【连续性】：让用户指定在选择的面和桥接面之间是【相切】（斜率连续）或【曲率】（曲率连续）。

➤ 【相切副值】：如果没有选择面或线串来控制桥接自由形式特征的侧面，则可以使用该选项来动态地编辑它的形状。

➤ 【流向】：用于设置桥接曲线的曲线走向参数。

➤ 【边限制】：用于设置边 1 和边 2 的链接位置。

8.1.11　偏置曲面

执行【菜单】→【插入】→【偏置/缩放】→【偏置曲面】命令，或者选择【曲面】→【曲面操作】→【偏置曲面】选项 🖐，弹出如图 8-71 所示的对话框。

利用该对话框可以从一个或更多已有的面创建偏置曲面。

系统用沿选定面的法向偏置点的方法来创建正确的偏置曲面。指定的距离称为偏置距离，并且将已有面称为基面。可以选择任何类型的面作为基面。如果选择多个面进行偏置，则产生多个偏置体。

图 8-71　【偏置曲面】对话框

【例 8-5】通过已有曲面创建偏置曲面。

打开随书电子资料：yuanwenjian\ 8\pianzhi_Surf.prt 文件，如图 8-72 所示。

1）执行【菜单】→【插入】→【偏置/缩放】→【偏置曲面】命令，或者选择【曲面】→【曲面操作】→【偏置曲面】选项 🖐，弹出【偏置曲面】对话框。

2）选择要偏置的曲面，在【偏置 1】文本框中输入 25，如图 8-73 所示。选择要偏置的曲面，方向如图 8-74 所示。单击【确定】按钮，即可完成偏置操作，如图 8-75 所示。

图 8-73　【偏置曲面】对话框

图 8-72　pianzhi_surf.prt 文件

图 8-74　选择【偏置曲面】和方向

图 8-75　【偏置曲面】完成示意

8.1.12　拼合

执行【菜单】→【插入】 →【组合】→【拼合】命令，弹出如图 8-76 所示的对话框。

利用该对话框可以将几个曲面合并为一个曲面。系统创建单个 B 曲面，它逼近在几个已有面上的四面区域，如图 8-77 所示。

图 8-76　【拼合】对话框

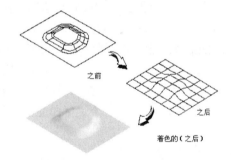

图 8-77　【拼合】示意

系统从驱动曲面沿矢量或沿驱动曲面法向矢量将点投影到目标曲面（被逼近的面）上，然后利用这些投影点构造逼近 B 曲面。可以把投影想象为从每个原始点到目标曲面的光束放射过程。

该对话框中部分选项的功能如下所述。

1)【驱动类型】：该选项组包括以下几个选项。

➢ 【曲线网格】：在内部驱动始终是 B 曲面，但不仅仅限于 B 曲面。如果选择【曲线网格】，在合并选定的目标曲面之前，系统在内部构造 B 曲面驱动。当使用曲线定义驱动曲面时，它们必须满足所有构造曲线网格 B 曲面所需的条件。可以在选择一组交叉曲线后选择一组主曲线，主曲线和交叉曲线的数量必须为两个或更多（但小于 50），最外面的主曲线和交叉曲线作为合并曲面的边界。因此，每条主曲线必须与每条交叉曲线相交一次且仅为一次，它们也必须在目标曲面的边界之内，如图 8-78 所示。

始终使用在投影目标曲面边界内的驱动曲面或驱动曲线是必要的。如果没有这样做，将会出现下列错误信息提示：未能将点投影到面。

> ➤ 【B 曲面】：可以选择已有的 B 曲面作为驱动。
> ➤ 【自整修】：可以逼近单个未修剪的 B 曲面。

2）【投影类型】：该选项组用于指明是否要让驱动曲面到目标曲面的投影方向为单个矢量或为驱动曲面法向方向的矢量。

> ➤ 【沿固定矢量】：可以使用矢量构造器来定义投影矢量。

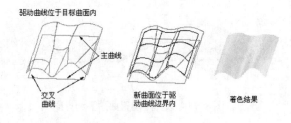

图 8-78 【曲线网格】驱动示意

> ➤ 【沿驱动法向】：该选项可以使用驱动曲面法向的投影矢量。

3）【投影限制】：当投影矢量可能通过目标曲面多于一次时，用来限制点投影到目标曲面的距离。这个选项仅仅在使用【沿驱动法向】投影类型时激活。

【公差】：该选项组用于为【拼合】特征定义内部与边距离和角度公差。

> ➤ 【内部距离】：用于定义曲面内部的距离公差。
> ➤ 【内部角度】：用于定义曲面内部的角度公差。
> ➤ 【边距离】：用于定义沿曲面 4 条边的距离公差。
> ➤ 【边角】：用于定义沿曲面 4 条边的角度公差。

4）【显示检查点】：勾选此复选框，在显示合并曲面的逼近过程中计算点。使用【显示检查点】可能会轻微地降低过程的速度，但这可能是值得的。显示点可以可视化并识别曲面上潜在的问题区域，然后就可以更快地排除和修复问题区域。

> ➤ 【检查重叠】：勾选此复选框，则系统检查并试着处理重叠曲面，试着将每个光束与所有附近的曲面相交，并找出最高的投影点。如果不勾选此复选框，则系统假设每个光束只能投射到一个目标曲面上，所以它一找到投射就停止并继续处理下一个光束。

8.1.13 组合

执行【菜单】→【插入】→【组合】→【组合】命令，或者选择【曲面】→【曲面操作】→【更多】→【组合】库中的【组合】选项，弹出如图 8-79 所示的对话框。利用该对话框可修剪和连接多个相交片体的区域，可以选择要保留或移除的区域，并且在有封闭体时使用【查找体】来选择区域。其中部分选项的功能如下所述

1）【仅允许相连区域】：勾选此复选框，只能选择与先前选定的区域有边相连的区域；不勾选此复选框，可以选择在命令会话过程中构造的任何区域。

2）【选择区域】：用于选择体中要保留或移除的区域，如图 8-80 所示。

图 8-79 【组合】对话框

3）【查找体】：查找并选择包含一个实体的区域或构成类似空间体的片体的相连区域，如图 8-81 所示。

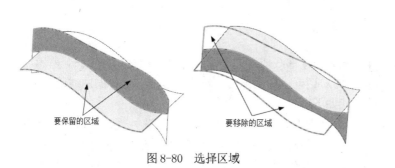

图 8-80　选择区域　　　　　　　　图 8-81　【查找体】示意

8.1.14　修剪片体

执行【菜单】→【插入】→【修剪】→【修剪片体】命令，或者选择【曲面】→【曲面操作】→【修剪片体】选项，弹出如图 8-82 所示的对话框。该对话框用于创建相关的修剪片体，其中部分选项的功能如下所述。

1）【选择片体】：用于选择目标曲面片体。

2）【选择对象】：用于选择修剪的工具对象，该对象可以是面、边、曲线和基准平面。

3）【允许目标体边作为工具对象】：勾选该复选框，可以将目标片体的边作为修剪对象过滤掉。

4）【投影方向】：用于定义要作为标记的曲面/边的投影方向。可以在【垂直于面】、【垂直于曲线平面】和【沿矢量】中选择。

5）【选择区域】：用于定义在修剪曲面时选定的区域是保留还是放弃。在选定目标曲面体、投影方式和修剪对象后，可以选择目前选择的区域是否【保留】或【放弃】。

每个选择用来定义保留或放弃区域的点在空间中固定。如果移动目标曲面体，则点不移动。为防止意外的结果，如果移动为修剪边界选择步骤选定的曲面或对象，则应该重新定义区域。

如图 8-83 所示，可以选择【保留】片体的 6 个部分（左视图）或【放弃】一个部分。

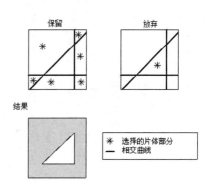

图 8-82　【修剪片体】对话框　　　　　　图 8-83　【保留】或【放弃】操作示意

8.1.15　曲线成面

执行【菜单】→【插入】→【曲面】→【曲线成片体】命令，创建示意如图 8-84 所示，则会激活该功能，弹出如图 8-85 所示的对话框。利用该对话框，可以通过选择的曲线创建体，【从曲线获得面】对话框各选项的功能如下所述。

1）【按图层循环】：每次在一个层上处理所有可选的曲线。要加速处理，可以勾选此复选框。这样系统会通过每次处理一个层上的所有可选的曲线来创建体。所有用来定义体的曲线必须在一个层上。使用该选项可以显著地改善处理性能，还可以显著地减少虚拟内存的使用。

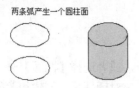

图 8-84　【曲线成片体】创建示意

图 8-85　【从曲线获得面】对话框

2）【警告】：在创建体以后，如果存在警告的话，会导致系统停止处理并显示警告信息。会警告用户有曲线的非封闭平面环和非平面的边界。如果不勾选此复选框，则不会警告用户，也不会停止处理。

另外，两个共轴的二次曲线不一定要位于平行的平面上。如果在非平行平面上的椭圆和圆弧都是同一圆柱体的一段，则它们可以匹配并形成一个体。当沿着它们的公共轴观看时，它们看上去是相似的，如图 8-86 所示。

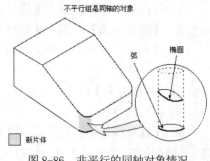

图 8-86　非平行的同轴对象情况

8.1.16　有界平面

执行【菜单】→【插入】→【曲面】→【有界平面】命令，弹出如图 8-87 所示的对话框。

利用该对话框可以通过将首尾相接的曲线线串作为片体边界来创建一个平面片体。选择的线串必须共面并形成一个封闭的形状。创建有界平面时可以有或无孔。有界平面中的孔定义为内部边界，在那里不创建片体。在选定了外部边界后，可以通过继续选择对象并选择（一次选一个）完整的内部边界（孔）来定义孔。系统自动计算这些边界从哪里开始到哪里结束，如图 8-88 所示。

图 8-87　【有界平面】对话框

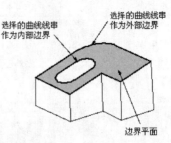

图 8-88　【有界平面】示意

【例 8-6】创建有界平面

打开随书电子资料：yuanwenjian\ 8\xiangji.prt 文件，如图 8-89 所示。下面要完成照相机视窗的设计。

1）执行【菜单】→【插入】→【曲面】→【有界平面】命令，或者选择【曲面】→【曲面】→【更多】→【曲面】库中的【有界平面】选项 ，依次选择视窗实体的 8 条边，如图 8-90 所示。单击【确定】按钮，完成平面片体的创建。

图 8-89　xiangji.prt 文件

图 8-90　选择实体边

2）按下<Ctrl+J>组合键，在弹出的【编辑对象显示】对话框中调整片体的【颜色】为 133 蓝色，【透明度】为 70%，如图 8-91 所示。单击【确定】按钮，完成操作，如图 8-92 所示。

图 8-91　【编辑对象显示】对话框

图 8-92　创建照相机视窗

8.1.17　片体加厚

执行【菜单】→【插入】→【偏置/缩放】→【加厚】命令，或者选择【曲面】→【曲面】

操作】→【加厚】选项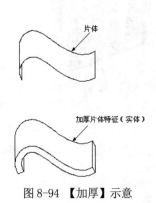，弹出如图 8-93 所示的对话框。

　　利用该对话框，可以通过偏置或加厚片体来创建实体，如图 8-94 所示。该对话框中部分选项的功能如下所述。

　　1)【选择面】：该选项用于选择要加厚的片体。一旦选择了片体，就会在片体上出现箭头矢量，指明法向方向。

　　2)【偏置1】、【偏置2】：用于指定一个或两个偏置距离。

　　3)【Check-Mate】：如果出现加厚片体错误，则此按钮可用。单击此按钮，则会识别导致加厚片体操作失败的可能的面。

图 8-93 【加厚】对话框

图 8-94 【加厚】示意

8.2　曲　面　编　辑

　　通过对曲面创建的学习，在创建一个曲面特征之后，还需要对其进行相关的编辑工作。以下主要讲述部分常用的曲面编辑操作，这些功能是曲面造型后期修整的常用技术。

8.2.1　X 型

　　执行【菜单】→【编辑】→【曲面】→【X 型】命令，或者选择【曲面】→【编辑曲面】→【X 型】选项，弹出如图 8-95 所示的对话框，提示用户选择需要编辑的曲面。

　　利用该对话框可以移动片体的极点，这在曲面外观形状的交互设计中，如消费品或汽车车身非常有用。当需要修改曲面形状以改善其外观或使其符合一些标准时，就要移动极点。可以沿法向矢量拖动极点至曲面或与其相切的平面上，也可以拖动行，保留在边处的曲率或切向。

　　该对话框中部分选项的功能如下所述。

　　1)【曲线或曲面】：用户可根据需要选择【单选】（曲线编辑）或【使用面查找器】（曲面编辑）。

➢　【极点选择】：选择对象可以是【任意】、【极
　　点】和【行】。

2）【参数化】：用于改变 U/V 向的次数和补片数，
从而调节曲面。

➢　【U/V 向次数】：让用户在 U 向和 V 向设置调
　　节片体的次数。

➢　【U/V 向补片数】：让用户指定各个方向的补片
　　数目。各个方向的次数和补片数的结合控制着输
　　入点和创建的片体之间的距离误差。

3）【方法】：用户可根据需要应用【移动】、【旋
转】、【比例】和【平面化】编辑曲面。

4）【边界约束】：用户可以通过调节【U 最小值】（或
最大值）和【V 最小值】（或最大值）来约束曲面的边界。

5）【设置】：用户可以设置【提取方法】、【提取
公差】值和【恢复父面】选项，可以恢复曲面到编辑之前
的状态。

6）【微定位】：用于指定使用微调选项时动作的比
率。

【例 8-7】移动曲面极点。

打开随书电子资料：yuanwenjian\8\Scan_
surf-finish.prt 文件，如图 8-96 所示。将其另存为 Move_
pole.prt 文件。

1）执行【菜单】→【编辑】→【曲面】→【X 型】命
令，或者选择【曲面】→【编辑曲面】→【X 型】选项💹，
弹出如图 8-97 所示的对话框。

2）选择曲面，对原曲面进行编辑。

图 8-95　【X 型】对话框

图 8-96　Scan_surf-finish.prt 文件

3）在【操控】下拉列表中选择【行】或【极点】，然后选择所需移动的极点，如图 8-98
所示。在工作区中选择指定行的一点，选择【移动】方法为【法向】（见图 8-99），即可在工
作区中通过左键（即 MB1）来移动需要变化的极点（见图 8-100），还可以在多种移动方式之间
切换和编辑极点，最后单击【确定】按钮，完成编辑，如图 8-100 所示。

图 8-97　【X 型】对话框

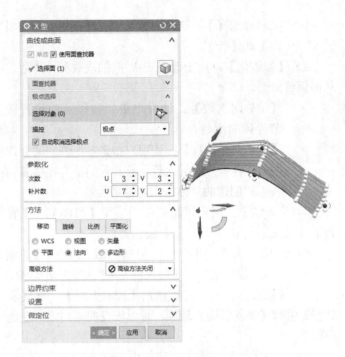

图 8-98　设置移动极点参数

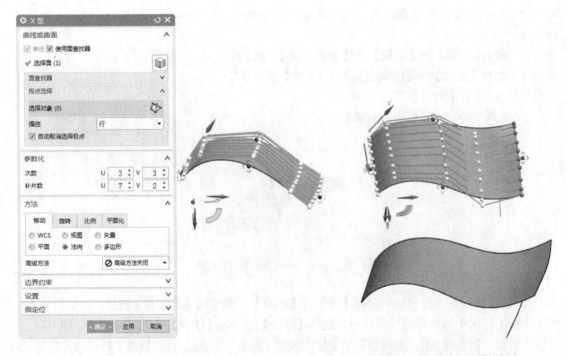

图 8-99　设置移动方法

图 8-100　通过移动编辑极点

8.2.2　扩大

执行【菜单】→【编辑】→【曲面】→【扩大】命令，或者选择【曲面】→【编辑曲面】→
【扩大】选项◈，弹出如图 8-101 所示的对话框。

利用该对话框，可以改变未修剪片体的大小。方法是创建一个新的特征，该特征与原始的、覆盖的未修剪面相关，如图 8-102 所示。用户可以根据指定百分比改变（扩大）特征的每个未修剪边。

图 8-101　【扩大】对话框

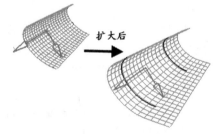

图 8-102　【扩大】示意

当使用片体创建模型时，将片体创建得大一些是一个良好的习惯，这样可以消除后续实体建模的问题。如果用户没有把这些原始片体创建得足够大，则用户不使用【等参数修剪/分割】功能时就不能改变它们的大小，但【等参数修剪】是不相关的，并且在使用时会打断片体的参数化。【扩大】让用户创建一个新片体，它既和原始的未修剪面相关，又允许用户改变各个未修剪边的尺寸。

【扩大】对话框中部分选项的功能如下所述。

1）【全部】：让用户把所有的【U/V 最小/最大】滑块作为一个组来控制。当勾选该复选框时，移动任一单个的滑块，所有的滑块会同时移动并保持它们之间已有的百分比；若不勾选此复选框，则用户可以对滑块和各个未修剪的边进行单独控制。

2）【U 向起点百分比】、【U 向终点百分比】、【V 向起点百分比】、【V 向终点百分比】：使用 U 向起点百分比、U 向终点百分比、V 向起点百分比和 V 向终点百分比滑块，或者在它们各自的文本框中输入数值来改变扩大片体未修剪边的大小。在文本框中输入的数值或拖动滑块达到的值是原始尺寸的百分比。也可以在文本框中输入数值或表达式。

3）【重置调整大小参数】：把所有的滑块重设回它们的起始位置。

4）【模式】：包括【线性】和【自然】两个单选按钮。

➢ 【线性】：在一个方向上线性地延伸扩大片体的边。使用【线性】可以增大扩大特征的大小，但不能减小它。

➢ 【自然】：沿着边的自然曲线延伸扩大片体的边。如果用【自然】来设置扩大特征的大小，则既可以增大也可以减小它的大小。

8.2.3　I 型

执行【菜单】→【编辑】→【曲面】→【I 型】命令，或者选择【曲面】→【编辑曲面】→【I 型】选项，弹出如图 8-103 所示的对话框。

I 型是通过控制内部的 UV 参数线来修改面。它可以对 B 曲面和非 B 曲面进行操作，也可以对已修剪的面进行操作；可以对片体进行操作，也可对实体进行操作。

该对话框中部分选项的功能如下所述。

1）【选择面】：用于选择单个或多个要编辑的面，或者使用【面查找器】来选择。

2）【方向】：用于选择要沿其创建等参数曲线的 U 方向/V 方向。

3）【位置】：用于指定将等参数曲线放置在所选面上的位置方法，在其下拉列表中包括以下几个选项。

➢ 【均匀】：将等参数曲线按相等的距离放置在所选面上。

➢ 【通过点】：将等参数曲线放置在所选面上，使其通过每个指定的点。

➢ 【在点之间】：在两个指定的点之间按相等的距离放置等参数曲线。

4）【等参数曲线形状控制】：该选项组用于设置等参数曲线形状控制参数。

➢ 【插入手柄】：通过【均匀】、【通过点】和【在点之间】等方法在曲线上插入控制点。

➢ 【线性过渡】：勾选此复选框，当拖动一个控制点时，整条等参数线的区域将会变形。

图 8-103　【I 型】对话框

➢ 【沿曲线移动手柄】：勾选此复选框，在等参数线上移动控制点，也可以单击鼠标右键来选择此选项。

5）【曲线形状控制】：该选项组中包括【局部】和【全局】两个单选按钮。

➢ 【局部】：当拖动控制点时，只有控制点周围的局部区域产生变形。

➢ 【全局】：当拖动一个控制点时，整个曲面随之变形。

8.2.4　更改次数

执行【菜单】→【编辑】→【曲面】→【次数】命令，
或者选择【曲面】→【编辑曲面】→【更多】→【曲线】
库中的【更改次数】选项$\times^{2^3}$，弹出的对话框如图 8-104
所示。

图 8-104　【更改次数】对话框

利用该对话框可以改变体的次数，但只能增加带有底
层多面片曲面的体的次数，也只能增加所创建的封闭体的
次数。

增加体的次数不会改变它的形状，却能增加其自由度，增加对编辑体可用的极点数。

降低体的次数会降低试图保持体的全形和特征的次数。降低次数的公式（算法）是这样设
计的，如果增加次数随后又降低，那么所创建的体将与开始时的一样。这样做的结果是降低次
数有时会导致体的形状发生剧烈改变。如果对这种改变不满意，可以放弃并恢复到以前的体。
何时发生这种改变是可以预知的，因此完全可以避免。

通常，除非原片体的控制多边形与更低次数体的控制多边形类似，因为低次数体的拐点（曲
率的反向）少，否则都要发生剧烈改变。

8.3　曲　面　分　析

8.3.1　曲线特性分析

执行【菜单】→【分析】→【曲线】命令，可以调出【曲线】子菜单。对于曲线，UG 提供
了多种分析功能，包括【显示曲率梳】、【曲线分析】、【显示峰值点】、【显示拐点】、【图】、
【图选项】、【分析信息】和【分析信息选项】。

对于指定曲线的分析结果，可采用图像或 Excel 表格输出。图 8-105 所示为使用了显示【曲
率梳】命令，然后利用 Excel 输出图表和数据点信息。

除非特意关闭，否则曲线的分析元素会一直显示在图形窗口中。对于边，分析元素是临时
的，在显示刷新时就会消失。下面就【曲线】子菜单中部分命令的功能做一介绍。

1)【显示曲率梳】：该选项用于显示已选择曲线、样条或边的曲率梳。打开【曲率梳】
选项，可显示每个选择对象的曲率梳；关闭【曲率梳】选项，则会关闭曲率梳。

当显示选择曲线或样条的梳状线后，更容易检测曲率的不连续性、突变和拐点。在多数情
况下，这些是不希望存在的。显示梳状线后，就可以编辑该曲线，直到让梳状线显示出满意的
结果为止。

2)【曲线分析】：选择该选项，系统弹出如图 8-106 所示的对话框，用于指定显示梳状
线的选项。该对话框中部分选项的功能如下所述。

➢　【显示曲率梳】：该复选框用于控制是否显示曲率梳。

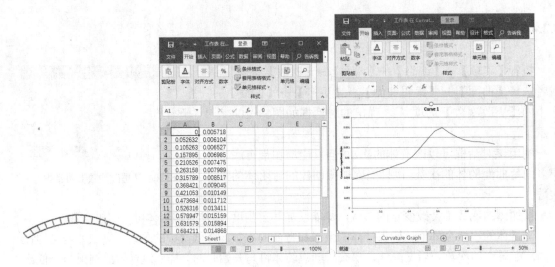

图 8-105　利用 Excel 输出图表和数据点信息

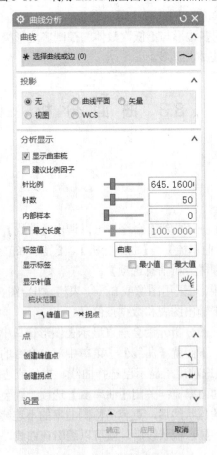

图 8-106　【曲线分析】对话框

➢ 　【建议比例因子】：该复选框可将比例因子自动设置为最合适的大小。

➢ 　【最大长度】：该复选框允许指定梳状线元素的最大允许长度。如果为梳状线绘制的

线比此处指定的临界值大，则将其修剪至最大允许长度。在线的末端绘制星号（＊），
表明这些线已被修剪。

> 【标签值】：其下拉列表中包括【曲率】和【曲率半径】两个选项，用于指定梳状线
  是显示曲率数据（见图 8-107）还是曲率半径数据（见图 8-108）。当从一种梳状线
  类型改变为另一种梳状线类型时，系统会自动更新显示部件中所有梳状线的引用。

3）【峰值】：该选项用于显示选择曲线、样条或边的峰值点，即局部曲率半径（或曲率
的绝对值）达到局部最大值的地方，如图 8-109 所示。

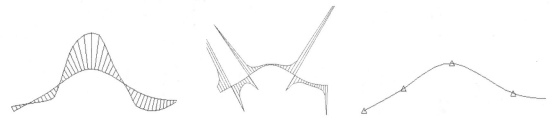

图 8-107　曲率梳状线　　　　　图 8-108　曲率半径梳状线　　　　　图 8-109　峰值点示意

4）【拐点】：该选项用于显示选择曲线、样条或边上的拐点，即曲率矢量从曲线一侧翻
转到另一侧的地方，清楚地表示出曲率符号发生改变的任何点。打开【拐点】选项，可在每个
选择对象的拐点处显示一个小符号（x）。关闭【拐点】选项，则会关闭拐点符号，如图 8-110
所示。

5）【图】：选择该选项，弹出一个特殊的电子表格曲率图表窗口，可在编辑曲线的同时
分析曲线。当编辑这些曲线中的任意一条时，曲率图表窗口会再次出现，并重新显示出该曲线
的曲率，如图 8-111 所示。

图 8-110　【拐点】示意　　　　　　　　　图 8-111　【图】示意

6）【图选项】：选择该选项，弹出如图 8-112 所示的对话框，用于指定图显示的选项。
以下对该对话框中部分选项的功能做一介绍。

> 【高度】：用于指定【图表】窗口的高度。通过拖动滑块设置所需的值。
> 【宽度】：用于指定【图表】窗口的宽度。通过拖动滑块设置所需的值。

➤ 【显示相关点】：用于显示存在于选择曲线和它们曲率之间的共同相关点。选择的曲线之间的共同相关点同时显示在电子表格曲率图表窗口和图形窗口中，如图 8-113 所示。

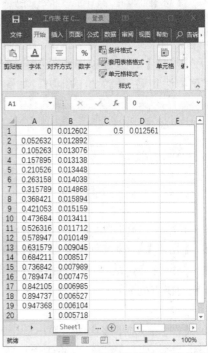

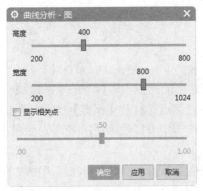

图 8-112 【曲线分析-图】对话框　　　　　图 8-113 【显示相关点】示意

7）【分析信息】：用于在【信息】窗口中为已启用了分析选项的所有选择对象显示分析数据。其中【信息】窗口中【参数】列中的数字表示点在曲线上，是用它们在曲线上的位置相对于曲线原点和长度的比例来表示的，如图 8-114 所示。

8）【分析信息选项】：选择该选项，弹出【曲线分析-输出列表】对话框，如图 8-115 所示。用于交互地为输出列表选择或取消选择曲线和样条。当每次单击【应用】或【确定】按钮时，【信息】窗口都会为当前选择的曲线和样条更新曲率数据。

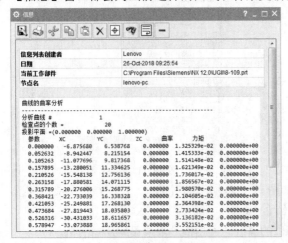

图 8-114 【信息】窗口　　　　　　　　图 8-115 【曲线分析-输出列表】对话框

8.3.2　曲面特性分析

执行【菜单】→【分析】→【形状】命令，弹出如图 8-116 所示的【形状】子菜单。UG 提供了 4 种平面分析方式，即半径、反射、斜率和距离。

1）【半径】：选择该选项，弹出如图 8-117 所示的对话框，用于分析曲面的曲率半径变化情况，并且可以用各种方法显示和创建。这些显示和创建方法可以在各选项的下拉列表中查到。

2）【反射】：选择该选项，弹出如图 8-118 所示的对话框。用户可以利用该对话框分析曲面的连续性。这是在飞机、汽车设计中最常用的曲面分析方式，它可以很好地表现一些要求严格曲面的表面质量。

图 8-116　【形状】子菜单　　　　图 8-117　【半径分析】对话框　　　图 8-118　【反射分析】对话框

3）【斜率】：选择该选项，弹出如图 8-119 所示的对话框。利用该对话框可以分析曲面的斜率变化。在模具设计中，正的斜率代表可以直接拔模的地方，因此这是模具设计最常用的分析方式。该对话框中各选项的功能与前述对话框中的选项差异不大。

4）【距离】：选择该选项，弹出【距离分析】对话框，如图 8-120 所示。该对话框用于分析当前曲面与其他曲面之间的距离。

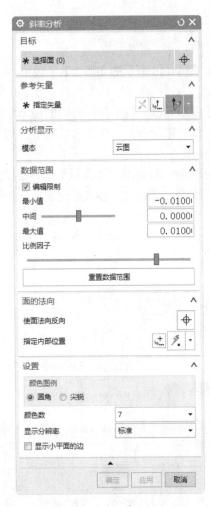

图 8-119 【斜率分析】对话框

图 8-120 【距离分析】对话框

【例 8-8】曲线和曲面分析。

打开随书电子资料：yuanwenjian\8\Sample_02_finlish.prt，将其另存为 qumfenxi.prt。

1）选择需要分析的曲线，如图 8-121 所示。执行【菜单】→【分析】→【曲线】→【显示曲率梳】命令，显示曲率梳，如图 8-122 所示。

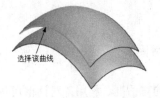

图 8-121 选择需要分析的曲线

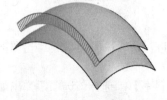

图 8-122 显示曲率梳

2）在分析完成后，如果不再需要显示曲率梳，可以执行【菜单】→【分析】→【曲线】→【曲线分析】命令，取消勾选【显示曲率梳】复选框，如图 8-123 所示。

3）执行【菜单】→【分析】→【形状】→【斜率】命令，弹出如图 8-124 所示的对话框。在【指定矢量】下拉列表中选择 ZC 轴，选择待分析曲面（上表面）后，单击【应用】按钮，即可在默认选项下观看曲面斜率分布情况，如图 8-125 所示。

图 8-123　【曲线分析】对话框

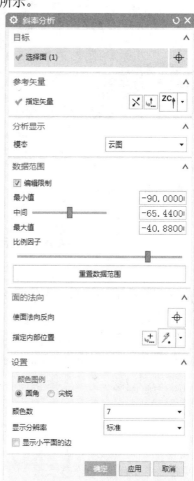

图 8-124　【斜率分析】对话框

图 8-125　曲面斜率分布情况

4）也可以采用其他模式查看斜率的分布情况。在图 8-124 所示对话框中的【模态】下拉列表中选择【刺猬梳】选项，单击【应用】按钮，如图 8-126 所示。

5）还可以通过改变曲面法向的方向来进行显示。选择【面的法向】选项组中的【使面法向反向】选项，选择需要反转法向的曲面，单击【确定】按钮，完成曲面选择；在【斜率分析】对话框中取消勾选【编辑限制】复选框，单击【确定】按钮，如图 8-127 所示。

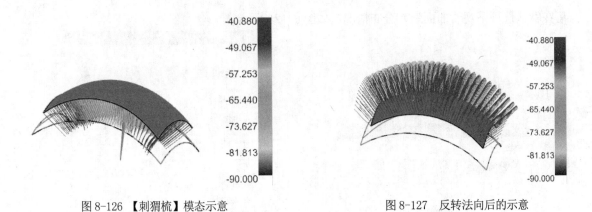

图 8-126 【刺猬梳】模态示意　　　　　　　　图 8-127　反转法向后的示意

8.4　综合实例——头盔

下面通过一个简单实例来介绍曲面创建及编辑，使读者对曲面的创建和编辑有一个更加感性的认识。

打开随书电子资料：yuanwenjian\ 8\ TouKui.prt 文件，如图 8-128 所示。

其完成后的头盔模型如图 8-129 所示。

图 8-128　TouKui.prt 文件

图 8-129　头盔模型

8.4.1　头盔上部制作

1）打断图 8-130 所示的曲线。执行【菜单】→【格式】→【图层设置】命令，或者选择【视图】→【可见性】→【图层设置】选项，弹出如图 8-131 所示的对话框中。取消 10 层的勾选，将第 10 层设置为不可见。单击【关闭】按钮，退出该对话框。设置不可见层后的效果如图 8-132 所示。

2）执行【菜单】→【编辑】→【曲线】→【分割】命令，或者选择【曲线】→【更多】→【编辑曲线】库中的【分割曲线】选项，弹出如图 8-133 所示的对话框。在【类型】中选择【按边界对象】，选择图 8-134 所示的边界对象 1，指定相交点 1；再选择边界对象 1，指定相交点 4。单击【确定】按钮，曲线在交点处断开。

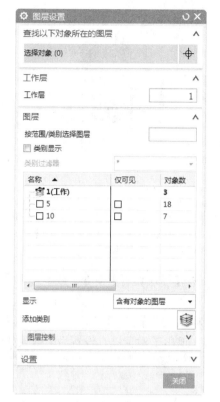

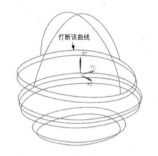

图 8-130　需要被打断的曲线　　　　图 8-131　【图层设置】对话框　　　　图 8-132　设置不可见层后的效果

图 8-133　【分割曲线】对话框

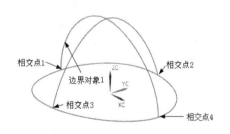

图 8-134　选择边界对象和相交点

3）同理，将选择的曲线分别在相交点 2 和相交点 3 处断开。

4）执行【菜单】→【插入】→【扫掠】→【扫掠】命令，或者选择【曲面】→【曲面】→【扫掠】选项，弹出【扫掠】对话框。选择图 8-135 所示的截面曲线和引导线。注意，在【扫掠】对话框中选择引导线时，当选择完引导线 1 后单击【添加新集】按钮，然后选择引导线 2。单击【确定】按钮，完成头盔上部一半的扫掠操作，如图 8-136 所示。同理，完成头盔上部另外一半部分的扫掠操作，创建头盔上部，如图 8-137 所示。

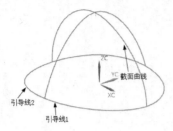

图 8-135　选择截面曲线和引导线

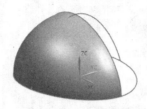

图 8-136　完成扫掠操作

图 8-137　创建头盔上部

8.4.2　头盔下部制作

1）设置【建模首选项】中的参数。执行【文件】→【首选项】→【建模】命令，弹出如图 8-138 所示的对话框。设置【体类型】为【片体】，单击【确定】按钮，完成建模首选项的设置。

2）执行【菜单】→【格式】→【图层设置】命令，或者选择【视图】→【可见性】→【图层设置】选项，弹出如图 8-139 所示的对话框。选择第 10 层，单击鼠标右键，在弹出的快捷菜单中选择【工作】选项，将第 10 层设置为工作层；将第 1 层前面的勾选消，将第 1 层设置为不可见。单击【关闭】按钮，退出该对话框。设置后的效果如图 8-140 所示。

图 8-138　【建模首选项】对话框

图 8-139　【图层设置】对话框

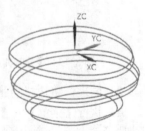

图 8-140　设置工作层和不可见层后的效果

3）执行【菜单】→【插入】→【网格曲面】→【通过曲线组】命令，或者选择【曲面】→【曲面】→【通过曲线组】选项，弹出如图 8-141 所示的对话框。依次选择图 8-142 所示中的 7 条曲线，每选择一个对象后，都需要单击鼠标中键以完成本次对象的选择。需要注意的是，每个线串的起始方向一定要一致，如果有方向不一致的必须重新选择，如图 8-142 所示。

图 8-142　选择曲线

图 8-141　【通过曲线组】对话框

图 8-143　创建头盔下部

4）保留图 8-141 中的默认设置，单击【确定】按钮，创建头盔下部，如图 8-143 所示。

8.4.3　两侧辅助面制作

1）执行【菜单】→【格式】→【图层设置】命令，或者选择【视图】→【可见性】→【图层设置】选项 ，弹出如图 8-139 所示的对话框。选择第 5 层，单击鼠标右键，在弹出的快捷菜单中选择【工作】选项，将第 5 层设置为工作层；将第 10 层前面的勾选择消，将第 10 层设置为不可见。单击【关闭】按钮，退出该对话框。显示辅助面图层，如图 8-144 所示。

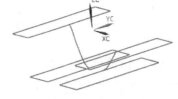

图 8-144　显示辅助面图层

2）执行【菜单】→【插入】→【扫掠】→【沿引导线扫掠】命令，弹出如图 8-145 所示的对话框。选择图 8-146 所示的截面线和引导线，保留默认设置。单击【应用】按钮，完成扫掠操作，创建曲面 1，如图 8-147 所示。

3）同理，按照步骤 2），完成另一侧对象的扫掠操作，创建曲面 2，如图 8-148 所示。

图 8-145　【沿引导线扫掠】对话框

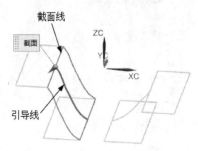

图 8-146　选择截面线和引导线

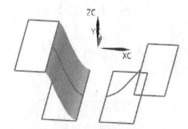

图 8-147　创建曲面 1

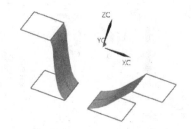

图 8-148　创建曲面 2

4）执行【菜单】→【插入】→【曲面】→【有界平面】命令，弹出如图 8-149 所示的对话框。选择图 8-150 所示的 4 条线串，单击【确定】按钮，完成有界平面的创建。

5）同理，按照步骤 4），完成其余有界平面的创建，如图 8-151 所示。

图 8-149　【有界平面】对话框

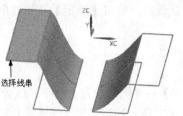

图 8-150　选择线串

图 8-151　创建有界平面

8.4.4　修剪两侧

1）执行【菜单】→【格式】→【图层设置】命令，或者选择【视图】→【可见性】→【图层设置】选项，弹出如图 8-139 所示的对话框。选择第 10 层，勾选【仅可见】列中的复选框，将第 10 层设置为可见。单击【关闭】按钮，退出该对话框，设置效果如图 8-152 所示。

2）执行【菜单】→【插入】→【修剪】→【修剪片体】命令，弹出如图 8-153 所示的对话框。选择头盔下部为目标片体，然后依次选择图 8-154 所示的各个平面为边界对象。

图 8-153　【修剪片体】对话框

图 8-152　设置可见层后的效果

3）完成目标片体和边象对象的选择后，单击图 8-153 中的【确定】按钮，完成修剪片体后的模型如图 8-155 所示。

4）执行【菜单】→【格式】→【图层设置】命令，或者选择【视图】→【可见性】→【图层设置】选项，弹出如图 8-139 所示的对话框。将第 1 层设置位工作层，将第 10 层设置为可见的，将第 5 层设置为不可见的。单击【关闭】按钮，退出该对话框，设置效果如图 8-156 所示。

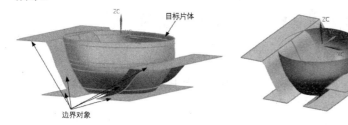

图 8-154　选择目标片体和边界对象　　　图 8-155　完成修剪片体后的模型　　　图 8-156　设置工作层、可见层和不可见层后的效果

5）按下<Ctrl+B>组合键，选择曲线类型，将所有显示出来的曲线消隐掉；然后执行【菜单】→【插入】→【组合】→【缝合】命令，弹出如图 8-157 所示的对话框。选择【片体】类

图 8-157　【缝合】对话框

型，选择头盔上部为目标片体，选择头盔下部为工具片体，单击图 8-157 中的【确定】按钮，完成片体的缝合操作。最终创建的头盔模型如图 8-129 所示。

实验 1　打开随书电子资料 yuanwenjian\8\exercise\ book_08_01.prt，完成如图 8-158 所示零件的创建。

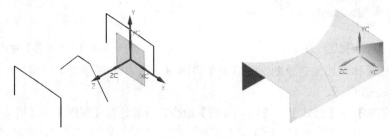

图 8-158　实验 1

操作提示：

1）执行【菜单】→【插入】→【网格曲面】→【通过曲线组】命令即可。

2）该命令的其他功能详见 8.1.4 节。

实验 2　打开随书电子资料：yuanwenjian\8\exercise\book_08_02.prt，完成如图 8-159 所示零件的创建。

图 8-159　实验 2

操作提示：

1）执行【菜单】→【插入】→【扫掠】→【扫掠】命令即可。

2）该命令的其他功能详见 8.1.6 节。

实验 3　打开随书电子资料：yuanwenjian\ 8\exercise\book_08_03.prt，完成如图 8-160 所示零件的创建。

操作提示：

　　执行【菜单】→【插入】→【细节特征】→【面倒圆】命令即可。

　　实验 4　打开随书电子资料：yuanwenjian\ 8\exercise\book_08_04.prt，完成如图 8-161 所示零件的创建。

图 8-160　实验 3

图 8-161　实验 4

操作提示：

　　1）执行【菜单】→【插入】→【网格曲面】→【通过曲线组】命令即可。
　　2）注意，其中每一截面线串的走向一定要一致。

　　1. 使用【直纹】命令创建曲面时，对曲线的数量、选择方式有何要求？
　　2. 当使用文件中的点创建曲面时，对点的格式有何要求？
　　3. 当使用【通过曲线组】创建曲面时，对曲线的开闭有何要求，对光顺性有何要求？
　　4. 对于曲面的偏置，UG NX 12.0 中提供了哪几种命令，具体是针对什么情况而言的？

第9章 UG NX 12.0 装配建模

☞ 本章导读

UG NX 12.0 的装配模块不仅能快速组合零部件成为产品，而且在装配中，可以参考其他部件进行部件关联设计，并可以对装配模型进行间隙分析、重量管理等相关操作。在完成装配模型后，还可以建立如图 9-1 所示的爆炸图。

图 9-1　爆炸图

✌ 内容要点

- ♣ 自底向上装配
- ♣ 自顶向下装配
- ♣ 装配爆炸图
- ♣ 装配信息查询

9.1　装配参数设置

执行【菜单】→【首选项】→【装配】命令，弹出如图 9-2 所示的对话框。该对话框用于设置装配首选项的相关参数。其中部分选项的功能如下所述。

1）【显示为整个部件】：用于设置部件名称的显示类型。其中包括文件名、描述、指定的属性 3 种方式。

2）【自动更改时警告】：当工作部件被自动更改时显示通知。

3）【选择组件成员】：用于设置是否首先选择组件。勾选该复选框，则在选择属于某个子装配的组件时，首先选择的是子装配中的组件，而不是子装配。

图 9-2　【装配首选项】对话框

9.2　自底向上装配

自底向上装配的设计方法是常用的装配方法，即先设计装配中的部件，再将部件添加到装配中，由底向上逐级进行装配。

9.2.1　添加已经存在的部件

采用自底向上的装配方法，选择添加已有组件的方式有两种，一般来说，第一个部件采用绝对坐标定位方式添加，其余部件采用配对定位的方法添加。

执行【菜单】→【装配】→【组件】→【添加组件】命令，或者选择【主页】→【装配】→【组件】下拉菜单中的【添加】选项，弹出如图 9-3 所示的【添加组件】对话框。如果要进行装配的部件还没有打开，可以单击【打开】按钮，从磁盘目录选择；已经打开的部件会出现在【已加载的部件】列表框中，可以从中直接选择。

1）【引用集】：有多种类型，如模型（MODEL）、Entire Part、Empty、BODY 和 FACET。执行【菜单】→【格式】→【引用集】命令，弹出如图 9-4 所示的对话框。其中部分选项的功能如下所述。

➢　【添加新的引用集】：利用该选项可以创建新的引用集。输入适用于引用集的名称，并选择对象。

➢ 【移除】🗙：在已创建的引用集项目中可以选择性地删除。删除只不过是在目录中删除引用集而已。

➢ 【设为当前的】🛗：把对话框中选择的引用集设定为当前的引用集。

➢ 【属性】🖊：用于编辑引用集的名称和属性。

➢ 【信息】ⓘ：用于显示工作部件中全部引用集的名称、属性和个数等信息。

图 9-3 【添加组件】对话框

图 9-4 【引用集】对话框

2）【位置】：该选项组中包括以下几个选项。

➢ 【装配位置】：用于选择装配中组件的目标坐标系。该下拉列表框中提供了【对齐】【绝对坐标系-工作部件】【绝对坐标系-显示部件】和【工作坐标系】4 种装配位置。

① 【对齐】：通过选择位置来定义坐标系。

② 【绝对坐标系-工作部件】：将组件放置于当前工作部件的绝对原点。

③ 【绝对坐标系-显示部件】：将组件放置于显示装配的绝对原点。

④ 【工作坐标系】：将组件放置于工作坐标系。

➢ 【组件锚点】：坐标系来自用于定位装配中组件的组件，可以通过在组件内创建产品接口来定义其他组件系统。

3）【放置】：该选项组包括以下两个选项

>　　【移动】：该选项用于在部件添加到装配图以后，重新对其进行定位。选择该选项，弹出如图 9-5 所示的选项组。要求用户指定部件之间的配对关系，设置完成后，单击【添加组件】对话框中的【确定】按钮即可。

①【指定方位】：用于选择组件的放置点。

②【只移动手柄】：用于重新定位坐标系操控器，而不重新定位选择的对象。这样可以在同一个操作中指定下一个运动定位和定向坐标系操控器。

要指定从坐标系操控器位置开始的运动，应取消勾选此复选框。

>　　【约束】：用于通过装配约束放置部件。选择该选项，弹出如图 9-6 所示的选项组。要求用户指定部件之间的配对关系，设置完成后，单击【添加组件】对话框中的【确定】按钮即可。

图 9-5　【移动】选项【放置】选项组

图 9-6　【约束】选项【放置】选项组

①【约束类型】：用于选择要施加的约束类型。

②【要约束的几何体】：用于指定约束的方位和方向，并选择要约束的面和中心线。

4）【图层选项】：其下拉列表中的选项用于指定部件放置的目标层。

>　　【工作的】：用于将指定部件放置到装配图的工作层中。

>　　【原始的】：用于将部件放置到部件原来的层中。

>　　【按指定的】：用于将部件放置到指定的层中。选择该选项，在其下方的指定【图层】文本框中输入需要的层号即可。

9.2.2　组件的配对条件

配对关系指组件的点、边、面等几何对象之间的配对关系，以此确定组件在装配中的相对位置。这种装配关系是由一个或多个关联约束组成，通过关联约束来限制组件在装配中的自由度。对组件的约束有以下几种方式。

完全约束：组件的全部自由度都被约束，在图形窗口中看不到约束符号。

欠约束：组件还有自由度没被限制，称为欠约束，在装配中允许欠约束存在。

执行【菜单】→【装配】→【组件】→【装配约束】命令，弹出如图 9-7 所示的【装配约束】对话框。该对话框用于通过配对约束确定组件在装配中的相对位置。

（1）约束类型

1）【接触对齐】：用于约束两个对象，使其彼此接触或对齐，如图 9-8 所示。

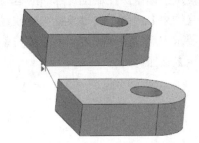

图 9-7 【装配约束】对话框　　　　图 9-8 【接触对齐】约束

2）【角度】 ⚞：用于在两个对象之间定义角度尺寸，约束相配组件到正确的方位上，如图 9-9 所示。角度约束可以在两个具有方向矢量的对象间产生，角度是两个方向矢量间的夹角。这种约束允许配对不同类型的对象。

3）【平行】 ⫽：用于约束两个对象的方向矢量彼此平行，如图 9-10 所示。

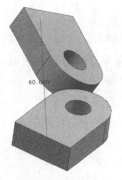

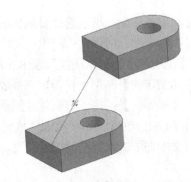

图 9-9 【角度】约束　　　　图 9-10 【平行】约束

4）【垂直】 ﹃：用于约束两个对象的方向矢量彼此垂直，如图 9-11 所示。

5）【同心】 ◎：用于将相配组件中的一个对象定位到基础组件中的一个对象的中心上，其中一个对象必须是圆柱或轴对称实体，如图 9-12 所示。

6）【中心】 ⊪：用于约束两个对象的中心对齐。

当从【约束类型】列表框中选择【中心】选项 ⊪ 时，该约束类型的【子类型】下拉列表中包括【1 对 2】、【2 对 1】和【2 对 2】3 个选项。

➢ 【1 对 2】：用于将相配组件中的一个对象定位到基础组件中的两个对象的对称中心上。

➢ 【2 对 1】：用于将相配组件中的两个对象定位到基础组件中的一个对象上，并与其对称。

➢　【2 对 2】：用于将相配组件中的两个对象与基础组件中的两个对象呈对称布置。

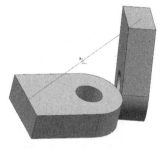

图 9-11　【垂直】约束　　　　　　　　　　　图 9-12　【同心】约束

 提示

相配组件指需要添加约束进行定位的组件，基础组件指位置固定的组件。

7）【距离】：用于指定两个相配对象间的最小三维距离。距离可以是正值，也可以是负值，正负号确定相配对象是在目标对象的哪一边，如图 9-13 所示。

8）【对齐/锁定】：用于对齐不同对象中的两个轴，同时防止绕公共轴旋转。通常，当需要将螺栓完全约束在孔中时，这将作为约束条件之一。

9）【胶合】：用于将对象约束到一起，以使它们作为刚体移动。

10）【适合窗口】：用于约束半径相同的两个对象，如圆边或椭圆边，圆柱面或球面。如果半径不相等，则该约束无效。

11）【固定】：用于将对象固定在其当前的位置。

（2）【方位】　仅在【类型】为【接触对齐】时才被激活。

图 9-13　【距离】约束

1）【首选接触】：当【接触】和【对齐】都可能时显示【接触】约束（在大多数模型中，接触约束比对齐约束更常用）。当【接触】约束过度约束装配时，将显示【对齐】约束。

2）【接触】：约束对象，使其曲面法向在反方向上。

3）【对齐】：约束对象，使其曲面法向在相同的方向上。

4）【自动判断中心/轴】：当选择圆柱面、圆锥面或球面、圆边时，UG NX 12.0 将自动使用对象的中心或轴作为约束。

9.3　自顶向下装配

自顶向下装配的方法指在上下文设计中进行装配。上下文设计指在一个部件中定义几何对象时引用其他部件的几何对象。例如，在一个组件中定义孔时需要引用其他组件中的几何对象进行定位。当工作部件是尚未设计完成的组件而显示部件是装配件时，上下文设计非常有用。

自顶向下装配的方法有两种。

方法一：

1）先建立装配结构，此时没有任何的几何对象。

2）使其中一个组件成为工作部件。

3）在该组件中建立几何对象。

4）依次使其余组件成为工作部件并建立几何对象。注意，可以引用显示部件中的几何对象。

方法二：

1）在装配件中建立几何对象。

2）建立新的组件，并把图形加到新组件中。

在装配的上下文设计中，当工作部件是装配中的一个组件而显示部件是装配件时，定义工作部件中的几何对象时可以引用显示部件中的几何对象，即引用装配件中其他组件的几何对象。建立和编辑的几何对象发生在工作部件中，但是显示部件中的几何对象是可以选择的。

 提示

　　组件中的几何对象只是被装配件引用而不是复制，修改组件的几何模型后，装配件会自动改变，这就是主模型的概念。

9.3.1　第一种装配方法

该方法首先建立装配结构即装配关系，但不建立任何几何模型，然后使其中的组件成为工作部件，并在其中建立几何模型，即在上下文中进行设计，边设计边装配。

其详细设计过程如下（最终完成的零件可参见电子资料：yuanwenjian\9\test_finish.prt）：

1）建立一个新装配件，如 test.prt。

2）执行【菜单】→【装配】→【组件】→【新建组件】命令，或者选择【主页】→【装配】→【组件】下拉菜单中的【新建】选项 。

3）系统弹出如图 9-14 所示的【新组件文件】对话框。因为不添加图形，输入新组件的路径和名称后直接单击【确定】按钮即可。

4）系统弹出如图 9-15 所示的【新建组件】对话框，将【引用集】设置为【仅整个部件】，单击【确定】按钮，新组件即可被装到装配件中。

5）重复上述 2）～4）的步骤，用上述方法建立新组件 P2。

6）打开【装配导航器】，查看组件信息，如图 9-16 所示。

7）在新的组件中建立几何模型。选择 P1 为工作部件，创建如图 9-17 所示的组件 P1。其中的 4 个孔是用【孔】特征及【阵列特征】的方法建立的。

8）选择 P2 为工作部件，创建如图 9-18 所示的组件 P2。

9）使装配件 test.prt 成为工作部件。

10）执行【菜单】→【装配】→【组件位置】→【装配约束】命令，或者选择【主页】→

【装配】→【装配约束】选项 ⚙，给组件 P1 和 P2 建立配对约束，如图 9-19 所示。

图 9-14 【新组件文件】对话框

图 9-15 【新建组件】对话框

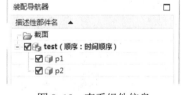

图 9-16 查看组件信息

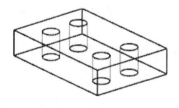

图 9-17 组件 P1

图 9-18 组件 P2

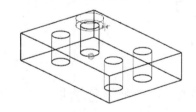

图 9-19 建立配对约束

11）执行【菜单】→【装配】→【组件】→【阵列组件】命令，或者选择【主页】→【装配】→【阵列组件】选项 📦，选择组件 P2，单击【确定】按钮，弹出如图 9-20 所示的【阵列组件】对话框。【布局】选择【线性】，【方向 1】指定为 X 轴，【数量】为 2，【节距】为 90；【方向 2】指定为 Y 轴，【数量】为 2，【节距】为 40，阵列创建如图 9-21 所示的装配体。

图 9-20 【阵列组件】对话框

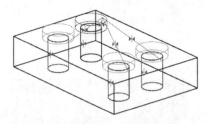

图 9-21 阵列创建装配体

12）选择组件 P1 为工作部件，选择阵列的孔，右击，在弹出的快捷菜单中选择【可回滚编辑】选项。打开【阵列特征】对话框，将阵列孔的个数改为 6，如图 9-22 所示。

13）选择装配体 test.prt 为工作部件，在图 9-23 所示的【装配导航器】中，组件 P2 个数变为 6 个。

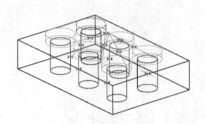

图 9-22 修改阵列孔个数后的装配体

图 9-23 修改后的【装配导航器】

9.3.2 第二种装配方法

该方法首先在装配件中建立几何模型，然后建立组件即建立装配关系，并将几何模型添加到组件中。

其详细过程如下：

1）打开一个包含几何体的装配件，或者在打开的装配件中建立一个几何体。

2）执行【菜单】→【装配】→【组件】→【新建组件】命令，或者选择【主页】→【装配】→【组件】下拉菜单中的【新建】选项，弹出【新建组件】对话框。在装配件中选择需要添加的几何模型，单击【确定】按钮，在【选择部件】对话框中，选择新组件的路径并输入名称，单击【确定】按钮。

图 9-24　【新建组件】对话框

3）弹出如图 9-24 所示的对话框。勾选【删除原对象】复选框，则几何模型添加到组件后删除装配件中的几何模型。单击【确定】按钮，新组件就装到装配件中了，并添加了几何模型。

4）重复步骤 2）和 3），直至完成自顶向下的装配为止。

9.4　装配爆炸图

爆炸图是在装配环境下把组成装配的组件拆分开来，更好地表达整个装配的组成状况，便于观察每个组件的一种方法。爆炸图是一个已经命名的视图，一个模型中可以有多个爆炸图。UG NX 12.0 默认的爆炸图名为 Explosion，其后加数字后缀。用户也可根据需要指定爆炸图名称。选择【菜单】→【装配】→【爆炸图】，弹出如图 9-25 所示的下拉菜单。执行【菜单】→【信息】→【装配】→【爆炸】命令，可以查询爆炸信息。

| 新建爆炸(N)… |
| 编辑爆炸(E)… |
| 自动爆炸组件(A)… |
| 取消爆炸组件(U) |
| 删除爆炸(D)… |
| 隐藏爆炸(H) |
| 显示爆炸(S) |
| 追踪线(T)… |

9.4.1　爆炸图的建立

图 9-25　【爆炸图】下拉菜单

执行【菜单】→【装配】→【爆炸图】→【新建爆炸】命令，或者选择【装配】→【爆炸图】→【新建爆炸】选项，弹出如图 9-26 所示的对话框。在该对话框中输入爆炸视图的名称，或者接受默认名称，单击【确定】按钮，建立一个新的爆炸图。

9.4.2　创建爆炸图

1）【自动爆炸组件】：执行【菜单】→【装配】→【爆炸图】→【自动爆炸组件】命令，或者选择【装配】→【爆炸图】→【自动爆炸组件】选项，弹出【类选择】对话框。选择需要爆炸的组件，完成选择后弹出如图 9-27 所示的对话框。

【距离】：用于设置自动爆炸组件之间的距离。

图 9-26 【新建爆炸】对话框　　　　　　图 9-27 【自动爆炸组件】对话框

2）【编辑爆炸组件】：执行【菜单】→【装配】→【爆炸图】→【编辑爆炸】命令，或者选择【装配】→【爆炸图】→【编辑爆炸】选项 ，弹出如图 9-28 所示的对话框。选择需要编辑的组件，然后选择需要的编辑方式，再选择点的类型，确定组件的定位方式。还可以直接用鼠标在屏幕中选择位置，移动组件；也可以在图 9-27 所示的对话框通过输入移动的距离来移动组件。

9.4.3　编辑爆炸图

1）【取消爆炸组件】：执行【菜单】→【装配】→【爆炸图】→【取消爆炸组件】命令，或者选择【装配】→【爆炸图】→【取消爆炸组件】选项 ，弹出【类选择】对话框。选择需要复位的组件后，单击【确定】按钮，即可使已爆炸的组件回到原来的位置。

2）【删除爆炸】：执行【菜单】→【装配】→【爆炸图】→【删除爆炸】命令，或者选择【装配】→【爆炸图】→【删除爆炸】选项 ，弹出如图 9-29 所示的对话框。选择要删除的爆炸图的名称。单击【确定】按钮，即可完成删除操作。

3）【隐藏爆炸】：隐藏爆炸图是将当前爆炸图隐藏起来，使工作区中的组件恢复到爆炸前的状态。执行【菜单】→【装配】→【爆炸图】→【隐藏爆炸】命令即可。

4）【显示爆炸】：显示爆炸图是将已建立的爆炸图显示在工作区中。执行【菜单】→【装配】→【爆炸图】→【显示爆炸】命令即可。

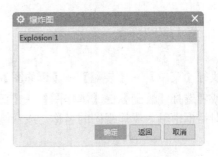

图 9-28 【编辑爆炸】对话框　　　　　　图 9-29 【爆炸图】对话框

9.5　装配信息查询

装配信息可以通过相关菜单命令来查询，其命令主要在【菜单】→【信息】→【装配】子菜单中，如图 9-30 所示。其中相关命令的功能介绍如下。

1）【列出组件】：执行该命令后，系统会在信息窗口列出工作部件中各组件的相关信息，如图 9-31 所示。其中包括工作部件名、部件文件名、引用集名、组件名、部件配对方法和组件被加载的次数等信息。

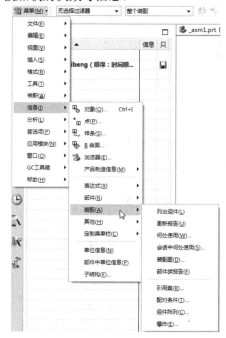

图 9-30　【装配】子菜单

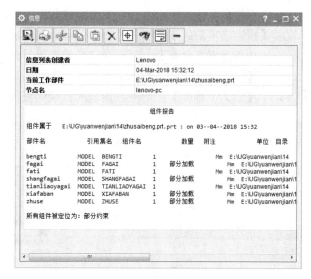

图 9-31　列出组件【信息】窗口

2）【更新报告】：执行该命令后，系统将会列出装配中各部件的更新信息，如图 9-32 所示。其中包括部件名、引用集名、加载的版本、参考的版本、部件组成员状态以及注释信息等。

图 9-32　更新报告【信息】窗口

3）【何处使用】：执行该命令后，系统将查找出所有的引用指定部件的装配件，同时弹出如图 9-33 所示的对话框。

当输入部件名称和指定相关选项后，系统会在【信息】窗口中列出引用该部件的所有装配部件，包括部件名称、报告日期、根目录、引用的装配部件名以及被引用的次数等信息，如图 9-34 所示。

【何处使用报告】对话框中主要选项的功能如下所述。

a.【部件名】：用于输入要查找的部件名称，默认值为当前工作部件名称。

b.【搜索选项】：该选项组包括以下几个选项。

➤ 【按搜索文件夹】：用于在定义的搜寻目录中查找。

➤ 【搜索部件文件夹】：用于在部件所在的目录中查找。

➤ 【输入文件夹】：用于在指定的目录中查找。

c.【选项】：用于定义查找装配的级别范围。

➤ 【单一级别】：只用来查找父装配，而不包括父装配的上级装配。

➤ 【所有级别】：用来在各级装配中查找。

图 9-33　【何处使用报告】对话框

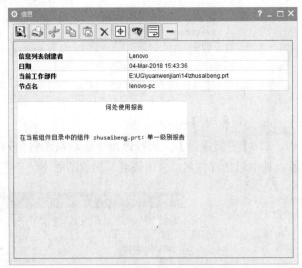

图 9-34　何处使用报告【信息】窗口

4）【会话中何处使用】：执行该命令后，可以在当前装配部件中查找引用指定部件的所有装配，弹出如图 9-35 所示的对话框。在其中选择要查找的部件，选择指定部件后，系统会在【信息】窗口中列出引用当前所选部件的装配部件，包括装配部件名、状态和引用数量等。

5）【装配图】：执行该命令后，弹出如图 9-36 所示的对话框。在该对话框中设置完显示项目和相关信息后，然后指定一点用于放置装配结构图。

对话框上部是已选项目列表框，可以进行添加、删除信息操作，用于设置装配结构间要显示的内容和排列顺序。

对话框中部是【当前的部件属性】列表框和【属性名称】文本框。用户可以在【当前的部件属性】列表框中选择属性，直接加到项目列表框中，也可以通过在文本框中输入名称来获取。

对话框下部是指定图表的目标位置，可以将创建的图表放置在【当前部件】、【现有部件】或【新部件】中。

如果要将创建的装配图删除，勾选【移除现有图表】复选框即可。

图 9-35　【会话中何处使用】对话框　　　　图 9-36　【装配图】对话框

9.6　综合实例——挂轮架

9.6.1　组件装配

首先打开随书电子资料中的 zhuzhougan 零件，进入建模环境。待装配组件如图 9-37～图 9-41 所示。所有组件可在 yuanwenjian\ 9\中调用。

1）执行【菜单】→【装配】→【组件】→【添加组件】命令，弹出【添加组件】对话框。导入 dianquan，【放置】设置为【约束】，选择【接触对齐】约束类型，【方位】设置为【接触】。选择 dianquan 的端面和 xiaozhou 的端面进行接触对齐约束，如图 9-42 所示。然后选择【方位】为【自动判断中心/轴】，选择轴的外表面和垫圈内孔，如图 9-43 所示。单击对话框中的【确定】按钮，完成 dianquan 装配，如图 9-44 所示。

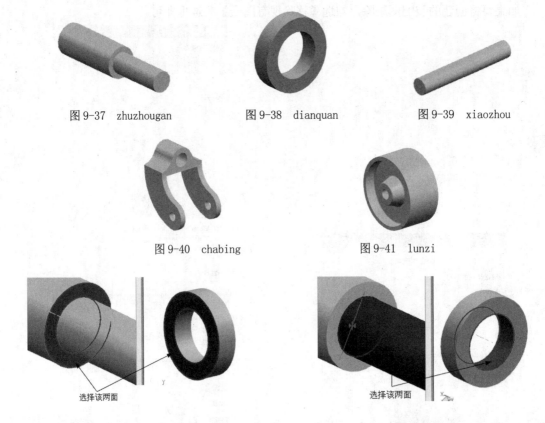

图 9-37   zhuzhougan   图 9-38   dianquan   图 9-39   xiaozhou

图 9-40   chabing   图 9-41   lunzi

图 9-42   选择接触对齐约束的面   图 9-43   选择同轴约束的面

2）执行【菜单】→【装配】→【组件】→【添加组件】命令，弹出【添加组件】对话框。导入 chabing 零件，【图层选项】设置为【工作的】，【放置】设置为【约束】，选择【接触对齐】约束类型 ，【方位】设置为【接触】。依次选择 chabing 和 dianquan 的侧面，使之在一个平面中，如图 9-45 所示。完成初步装配，图 9-46 所示。

图 9-44   装配 dianquan   图 9-45   初步装配示意

在对话框中选择【方位】为【自动判断中心/轴】，依次选择 xiaozhou 的外表面和 chabing 上孔的内表面，第二次匹配组件如图 9-47 所示。单击【确定】按钮，完成第二组件装配，如图 9-48 所示。

3）采用上述同样地方法，完成轮子和轴销的装配。最终装配效果如图 9-49 所示。

4）将装配后的文件另存为 gualunjia。

图 9-46　完成初步装配

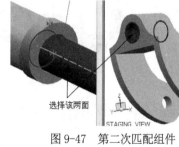

图 9-47　第二次匹配组件

图 9-48　装配第二组件

图 9-49　最终装配效果

9.6.2　爆炸图

1）执行【菜单】→【装配】→【爆炸图】→【新建爆炸】命令，在弹出的对话框中输入将要创建的爆炸图名称，如图 9-50 所示。此处默认为系统提供的 Explosion 1 名称。

2）执行【菜单】→【装配】→【爆炸图】→【自动爆炸组件】命令，然后选择需要创建爆炸图的组件。选择 chabing，单击【确定】按钮，然后在弹出的对话框中设置爆炸距离，如图 9-51 所示。设置 chabing 爆炸【距离】为 5，完成初步爆炸，如图 9-52 所示。

图 9-50　新建爆炸视图

图 9-51　设置爆炸距离

3）执行【菜单】→【装配】→【爆炸图】→【编辑爆炸】命令，弹出【编辑爆炸】对话框。选择 xiaozhou 对象，单击【移动对象】单选按钮，在工作区拖动手柄移动 xiaozhou 的位置。同理，移动 dianquan，最终爆炸图如图 9-53 所示。

图 9-52　完成初步爆炸

图 9-53　最终爆炸图

实验1 打开随书电子资料中的 yuanwenjian\ 9\exercise\book_09_xxx.prt 文件，完成如图 9-54 所示的零件装配。

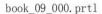

book_09_000.prt1   book_09_001.prt   book_09_002.prt

图 9-54   实验 1

操作提示：

1）采用自底向上方式装配。

2）执行【菜单】→【装配】→【组件位置】→【装配约束】命令，详细操作见本章 9.3.2 节。

实验2 创建如图 9-55 所示的装配爆炸图。

操作提示：

执行【菜单】→【装配】→【爆炸图】→【自动爆炸组件】命令即可。

爆炸图

图 9-55   实验 2

1. 什么是主模型，采用主模型的设计思想非常重要，具体体现在哪？

2. 什么是自底向上装配和自顶向下装配，具体什么情况下采用？

3. 装配过程中导入组件的过程是引入还是复制，这样导入有什么好处？

第 10 章　UG NX 12.0 工程图

☞ 本章导读

　　UG NX 12.0 的工程图是为了满足用户的二维出图需要，尤其是对传统的二维设计用户来说，很多工作还需要二维工程图。利用 UG NX 12.0 建模功能中创建的零件和装配模型，可以被引用到 UG NX 12.0 制图功能中，快速创建二维工程图。UG NX 12.0 制图功能模块建立的工程图是由投影三维实体模型得到的，因此二维工程图与三维实体模型完全关联。模型的任何修改都会引起工程图的相应变化。本章将简要介绍 UG NX 12.0 制图中的常用功能。

　　图 10-1 所示为创建完成的工程图。

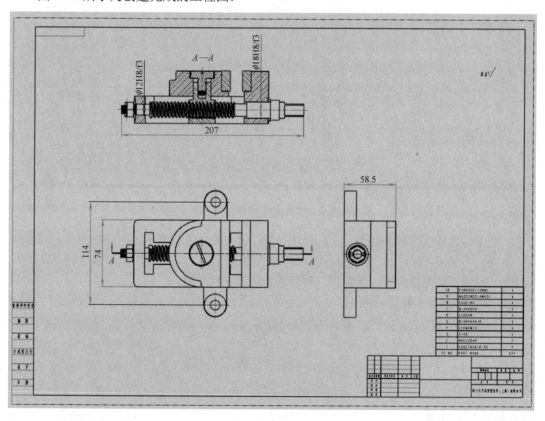

图 10-1　工程图

✋ 内容要点

　　♣　工程图参数预设置　　♣　图纸管理　　♣　视图管理　　♣　标注与符号

10.1　工程图概述

执行【菜单】→【应用模块】→【设计】→【制图】命令，即可启动 UG NX 12.0 工程制图模块，进入工程制图环境，如图 10-2 所示。

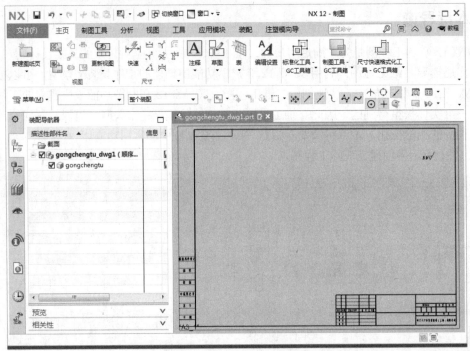

图 10-2　工程制图环境

UG NX 12.0 工程绘图模块提供了自动视图布置、剖视图、各向视图、局部放大图、局部剖视图、自动、手工尺寸标注、几何公差及表面粗糙度符号标注，支持 GB、标准汉字输入，还具有视图手工编辑、装配图剖视、爆炸图、明细表自动创建等功能。

部分组如图 10-3～图 10-5 所示。

图 10-3　【尺寸】组　　　　　图 10-4　【视图】组　　　　　图 10-5　【注释】组

10.2　工程图参数预设置

在添加视图时，应预先设置工程图的有关参数。设置符合国标的工程图尺寸，控制工程图的风格。以下对一些常用的工程图参数设置进行简单介绍，其他的参数设置方法用户可以参考帮助文件。执行【菜单】→【首选项】→【制图】命令，弹出【制图首选项】对话框，如图 10-6 所示。该对话框用于设置工程图的相关参数。

图 10-6　【制图首选项】对话框

10.2.1　视图参数设置

在【制图首选项】中选择【视图】选择，如图 10-7 所示。图 10-7 所示对话框中部分选项的功能说明如下。

1）【可见线】：用于设置可见线的颜色、线型和粗细。

2）【隐藏线】：用于设置在视图中隐藏线的显示方法。其中有详细的选项可以控制隐藏线的显示类别、显示线型及粗细等。

➢ 【处理隐藏线】：用于控制视图中隐藏线的外观。如果选择此选项，则可以通过其他隐藏线选项控制隐藏线；如果不选择此选项，视图中将显示所有隐藏线。

➢ 【显示被边隐藏的边】：用于控制被其他重叠边隐藏的边的显示。如果选择该选项，被其他边隐藏的边将处于可见且可选择的状态，并设置为指定的颜色、线型和线宽；如果未选择该选项，被其他边隐藏的边将不显示且不可选择。

➢ 【仅显示被引用的边】：用于控制带有参考注释的隐藏边的显示。如果选择此选项，且隐藏线线型未设置为不可见，则将仅显示带有参考注释的隐藏边。

➢ 【自隐藏】：当部件中有多个实体时控制隐藏线如何显示。如果选择此选项，则显示所有隐藏边。当未选择且隐藏的线型设为可见线型时，仅其他实体隐藏的边可见。实体本身隐藏的边不显示。

➢ 【包含模型曲线】：将隐藏颜色、线型和宽度的选项应用于视图中的曲线。此选项对于带有线框曲线或 2D 草图曲线的图样尤其有用。

图 10-7 【视图】选项【制图首选项】对话框

> 【处理干涉实体】：用于控制干涉实体的隐藏边的显示。选择此选项，视图更新速度会变慢。

3）【虚拟交线】：用于设置虚拟交线是否显示以及虚拟交线显示的颜色、线型和粗细，还可以设置虚拟交线端点缝隙的大小和是否显示。

4）【螺纹】：用于设置螺纹显示的标准和螺距的最小值。

5）【投影】：用于设置是否在父视图上显示箭头，也可以设置视图标签的位置、样式和比例，还可以设置投影线箭头和箭头线的样式。

6）【表区域驱动】：用于设置截面的格式和剖面线的设置，也可以设置截面的位置和标签的样式、内容和格式，还可以设置是否显示视图，并设置其比例参数。

> 【位置】：用于设置视图标签的位置，是在视图上方还是在视图下方。

> 【显示视图标签】：用于在图纸页上显示剖视图标签。

> 【视图标签类型】：用于将剖视图标签设置为 NG NX 12.0 创建的视图名或设置为字谜。NG NX 12.0 创建的视图名是在【部件导航器】的视图节点中显示的名称。

> 【前缀】：将输入到框中的文本附加到剖视图标签上。

> 【字母格式】：用于选择剖视图标签的字母格式。

> 【旋转符号】：在旋转剖视图的视图标签上放置【旋转符号】 ⟳ （注：编辑视图标签时，只有在视图中已经应用了旋转角度的情况下，才能使用此选项。

> 【包含旋转角度】：在添加旋转符号后再添加视图角度（以度为单位）。

> ➤ 【字符高度因子】：用于设置剖视图标签的字母大小。字母大小与当前字体字符大小有关。输入的值必须大于零。
> ➤ 【要显示的引用】：影响 1-A1 字母格式。用于选择剖视图标签和截面线符号的关联图纸页和区域标注的显示方式。图纸页和区域标注由图纸中标签的位置决定。

7）【截面线】：用于设置截面线是否显示剖视图，也可以设置截面线的类型以及箭头和箭头线的样式，还可以设置截面线是否显示字母和字母的位置。

8）【断开】：用于设置是否显示断裂线以及断裂线的样式、幅值、延伸、间隙、颜色和宽度。

> ➤ 【显示断裂线】：用于显示视图中的断裂线。
> ➤ 【样式】：用于指定断裂线的默认类型。
> ➤ 【幅值】：用于设置用作断裂线的默认曲线幅值。幅值采用图纸页单位进行测量。
> ➤ 【延伸】：用于设置超过模型边的断裂线的默认长度。
> ➤ 【间隙】：用于设置两条断裂线之间的默认距离。距离采用图纸页单位进行测量。
> ➤ 【颜色】：用于设置断裂线的颜色。
> ➤ 【宽度】：用于设置断裂线的宽度。
> ➤ 【传播断开图】：使制图视图中的断开视图显示在后续投影视图和剖视图中。

10.2.2　注释参数设置

在【制图首选项】中选择【注释】选项，如图 10-8 所示。图 10-8 所示对话框中部分选项的功能说明如下。

图 10-8　【注释】选项【制图首选项】对话框

1）【符号标注】：用于设置标注符号的颜色、线型、宽度和直径大小，可应用于所有注释。

2）【表面粗糙度符号】：用于设置表面粗糙度符号的颜色、线型和宽度，可应用于所有注释。

3）【剖面线/区域填充】：用于设置剖面线的定义方法、图样、距离和角度，也可以设置区域填充的图样、角度和比例，还可以设置边界曲线的公差和剖面线的颜色和宽度。

➢ 【断面线定义】：用于显示当前剖面线文件的名称。单击浏览可选择剖面线.chx 文件。UG NX 12.0 在两个单独的剖面线定义文件 xhatch.chx 和 xhatch2.chx 中提供 20 种 ANSI Y14.2M剖面线图样。

➢ 【图样】：用于从派生自剖面线文件的图样列表中设置剖面线图样。

➢ 【距离】：用于控制剖面线之间的距离。

➢ 【角度】：用于控制剖面线的倾斜角度。

10.3 图 纸 管 理

在 UG NX 12.0 中的任何一个三维模型都可以通过不同的投影方法、不同的图纸尺寸和不同的比例创建灵活多样的二维工程图。本节主要介绍工程图的创建、打开、删除和编辑。

10.3.1 新建工程图

执行【菜单】→【插入】→【图纸页】命令，或者选择【主页】→【钣金】下拉菜单中的【新建图纸页】选项 ，弹出如图 10-9 所示的对话框。该对话框中部分选项的功能介绍如下。

1）【使用模板】：选择此选项，在该对话框中选择所需的模板即可。

2）【标准尺寸】：选择此选项，通过图 10-9 所示的对话框设置标准图纸的大小和比例。

3）【定制尺寸】：选择此选项，通过此对话框可以自定义图纸的大小和比例。

4）【大小】：用于指定图纸的尺寸规格。

5）【比例】：用于设置工程图中各类视图的比例大小，系统默认设置比例为 1：1。

6）【图纸页名称】：该文本框用来输入新建工程图的名称。名称最多可包含 30 个字符，但不允许含有空格，系统自动将所有字符转换成大写方式。

7）【投影】：用于设置视图的投影方式。系统提供的投影方式分为【第三象限角投影】

图 10-9 【工作表】对话框

和【第一象限角投影】两种，如图 10-10 所示。按我国的制图标准，一般采用【第一象限角】和【第三象限角】的投影方式。两种投影方式如图 10-11 和图 10-12 所示。

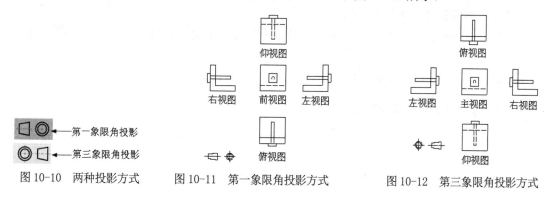

图 10-10　两种投影方式　　　　图 10-11　第一象限角投影方式　　　　图 10-12　第三象限角投影方式

10.3.2　编辑工程图

在进行视图的添加及编辑过程中，有时需要临时添加剖视图、技术要求等，那么新建过程中设置的工程图参数可能无法满足要求（如比例不适当），这时需要对已有的工程图进行修改编辑。

执行【菜单】→【编辑】→【图纸页】命令，弹出类似图 10-9 所示的对话框。在对话框中可以修改已有工程图的名称、尺寸、比例和单位等参数。完成修改后，系统会按照新的设置对工程图进行更新。需要注意的是，在编辑工程图时，投影角度参数只能在没有产生投影视图的情况下进行修改，否则需要删除所有的投影视图后才能执行投影视图的编辑。

10.4　视　图　管　理

创建完工程图之后就应该在图纸上创建各种视图来表达三维模型。创建各种视图是工程图最核心的问题，UG NX 12.0 制图模块提供了各种视图的管理功能，包括添加各种视图、对齐视图和编辑视图等。其中大部分命令可以在如图 10-13 所示功能区中找到。

图 10-13　【主页】功能区

10.4.1　建立基本视图

执行【菜单】→【插入】→【视图】→【基本】命令，或者选择【主页】→【视图】→【基本视图】选项，弹出如图 10-14 所示的对话框。

1）【视图原点】：用于使用不同方法放置基本视图。

2）【要使用的模型视图】：该选项的下拉列表中包括【俯视图】、【左视图】、【前视图】、【正等测图】等 8 种基本视图。

3）【定向视图工具】：选择该选项，弹出如图 10-15 所示的对话框，用于定向视图的投影方向。

4）【比例】：用于指定添加视图的投影比例，其中共有 9 种方式。

图 10-14　【基本视图】对话框

图 10-15　【定向视图工具】对话框

10.4.2　辅助视图

执行【菜单】→【插入】→【视图】→【投影】命令，或者选择【主页】→【视图】→【投影视图】选项，弹出如图 10-16 所示的对话框。其中部分选项的功能如下所述。

（1）【父视图】：用于在工作区中选择视图作为基本视图（父视图），并从它投影出其他视图。

（2）【铰链线】：选择父视图后，定义【铰链线】选项会被自动激活，所谓铰链线就是与投影方向垂直的线。用户也可以单击【指定位置】按钮，定义一个指定的、相关联的铰链线方向。

10.4.3　细节视图

执行【菜单】→【插入】→【视图】→【局部放大图】命令，或者选择【主页】→【视图】→【局部放大图】选项，弹出如图 10-17 所示的对话框。其中【类型】下拉列表中各选项的功能如下所述。

1）【圆形】：在父视图中选择了局部放大部位的中心点后，通过拖动鼠标来定义圆周视图边界的大小。

2）【按拐角绘制矩形】：在父视图中选择了局部放大部位的中心点后，拖动鼠标，通过定义两角点绘制矩形视图边界的大小。

3）【按中心和拐角绘制矩形】：在父视图中选择了局部放大部位的中心点后，拖动鼠标，通过定义中心点和角点绘制矩形视图边界的大小。

图 10-16　【投影视图】对话框

图 10-17　【局部放大图】对话框

10.4.4　剖视图

执行【菜单】→【插入】→【视图】→【剖视图】命令，或者选择【主页】→【视图】→【剖视图】选项，弹出如图 10-18 所示的对话框。其中【简单剖/阶梯剖】剖视图如图 10-19所示。

【剖视图】对话框中部分选项的功能如下所述。

1.【截面线】选项组

1）【定义】：其下拉列表中包括【动态】和【现有的】两个选项。如果选择【动态】选项，根据创建方法，系统会自动创建截面线，将其放置到适当位置即可；如果选择【现有的】选项，根据截面线创建剖视图。

图 10-18　【剖视图】对话框

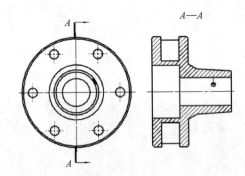

图 10-19　【简单剖/阶梯剖】剖视图

2)【方法】：在其下拉列表中选择创建剖视图的方法，包括【简单剖/阶梯剖】、【半剖】、【旋转】和【点到点】。

2. 【铰链线】选项组

1)【矢量选项】：其下拉列表中包括【自动判断】和【已定义】两个选项。

➤　　【自动判断】：为视图自动判断铰链线和投影方向。

➤　　【已定义】：允许为视图手工定义铰链线和投影方向。

2)【反转剖切方向】：反转剖切线箭头的方向。

3. 【设置】选项组

【非剖切】：在视图中选择不剖切的组件或实体，做不剖处理。

【隐藏的组件】：在视图中选择要隐藏的组件或实体，使其不可见。

10.4.5　局部剖视图

执行【菜单】→【插入】→【视图】→【局部剖】命令，或者选择【主页】→【视图】→

【局部剖视图】选项，弹出如图 10-20 所示的对话框。

局部剖是一种比较特殊的剖视图，主要用于完成立体挖剖的效果，如图 10-21 所示。

图 10-20　【局部剖】对话框

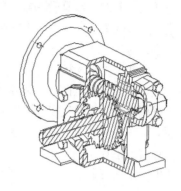

图 10-21　局部剖视图效果

在创建局部剖视图之前，用户需要先定义和视图关联的局部边界。其一般创建过程如下：

1）选择基本视图（父视图），选择其边界线框，单击右键，选择【展开】选项，或者执行【菜单】→【视图】→【操作】→【扩大】命令，利用曲线功能在要创建局部挖剖部位绘制边界线。完成后，选择视图边框，右击，选择【展开】选项，或者执行【菜单】→【视图】→【操作】→【扩大】命令，退出成员视图。

2）执行【菜单】→【插入】→【视图】→【局部剖】命令，进入局部剖视环境。

3）单击【选择视图】按钮，选择已建立局部挖剖边界的视图作为父视图。

4）单击【指出基点】按钮，指定剖切位置的起始点。

5）单击【指出拉伸矢量】按钮，用户可以利用对话框中的矢量创建方式指定合适的投影方向。

6）单击【选择曲线】按钮，选择局部剖的曲线边界。曲线边界是局部剖视图的挖剖范围。需要注意的是，只有视图中的独立曲线是可选的，通过拟合方式创建的曲线是不可选的，通过【通过点/通过极点】方式创建的样条是可选的。

7）单击【修改边界曲线】按钮，修改边界曲线。

8）单击【应用】按钮，完成局部剖视图的创建。

10.4.6　对齐视图

一般而言，视图之间应该对齐，但 UG NX 12.0 在自动创建视图时是可以任意放置的，需要用户根据需要进行对齐操作。在 UG NX 12.0 制图功能模块中，用户可以拖动视图，系统会自动判断用户意图（包括中心对齐、边对齐多种方式），并显示可能的对齐方式，基本上可以满足用户对于视图放置的要求。

执行【菜单】→【编辑】→【视图】→【对齐】命令，或者选择【主页】→【视图】→【编辑视图】下拉菜单中的【视图对齐】选项，弹出如图 10-22 所示的对话框。该对话框【方法】下拉列表中各选项的功能说明如下。

➢　【叠加】：即重合对齐，系统会将视图的基准点进行重合对齐。

> ➤ 【水平】⊞：系统会将视图的基准点进行水平对齐。
> ➤ 【竖直】⊞：系统会将视图的基准点进行竖直对齐。
> 　　它与【水平】对齐都是较为常用的对齐方式。
> ➤ 【垂直于直线】⊞：系统会将视图的基准点垂直于
> 　　某一直线对齐。
> ➤ 【自动判断】⊞：选择该选项，系统会根据选择的
> 　　基准点，判断用户意图，并显示可能的对齐方式。
> ➤ 【铰链副】⊞：使用父视图的铰链线对齐所选投影
> 　　视图。此方法仅可用于通过导入视图创建的投影
> 　　图。铰链方法使用 3D 模型点对齐视图。

在该对话框的【列表】框中列出了所有可以进行对齐操
作的视图。

图 10-22　【视图对齐】对话框

10.4.7　编辑视图

1）编辑整个视图：选择需要编辑的视图，在弹出的快捷菜单（见图 10-23）中可以更改视
图样式、添加各种投影视图等。主要功能与前面介绍的相同，此处不再赘述。

2）视图的详细编辑：视图的详细编辑命令集中在【菜单】→【编辑】→【视图】子菜单
下，如图 10-24 所示。以下就其中的【视图相关编辑】做一介绍。执行【菜单】→【编辑】→
【视图】→【视图相关编辑】命令，弹出如图 10-25 所示的对话框。以下对其部分选项的功能
做一介绍。

图 10-23　对整个
视图的编辑

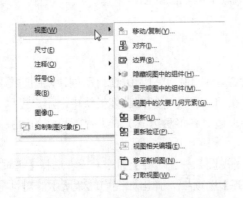

图 10-24　【视图】编辑子菜单

图 10-25　【视图相关编辑】
对话框

1)【添加编辑】：用于让用户选择进行什么样的视图编辑操作。

➢　【擦除对象】：用于擦除视图中选择的对象。擦除对象不同于删除操作，擦除仅仅是将所选对象隐藏起来，不进行显示而已，如图 10-26 所示。

➢　【编辑完全对象】：用于编辑视图或工程图中所选的整个对象的显示方式，编辑内容包括颜色、线型和线宽。选择该选项，系统会激活【直线颜色】、【线型】和【行距间因子宽度】选项用于设置，并屏蔽掉其他选项。

➢　【编辑着色对象】：编辑着色对象的显示方式。单击该按钮，设置颜色；单击【应用】按钮，弹出【类选择】对话框，选择要编辑的对象并单击【确定】按钮，则所选的着色对象按设置的颜色显示。

➢　【编辑对象段】：编辑部分对象的显示方式，用法与编辑整个对象类似。在选择编辑对象后，可选择一个或两个边界，则只编辑边界内的部分，如图 10-27 所示。

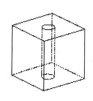

图 10-26 【擦除对象】示意

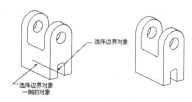

图 10-27 【编辑对象段】示意

➢　【编辑剖视图背景】：用于编辑剖视图背景线。在建立剖视图时，可以有选择地保留背景线，而使用背景线编辑功能，不但可以删除已有的背景线，而且还可添加新的背景线。

2)【删除编辑】：用于删除前面所做的某些编辑操作。

➢　【删除选定的擦除】：用于删除前面所做的擦除操作，使先前擦除的对象重新显示出来。

➢　【删除选择的编辑】：用于删除所选视图中先前进行的某些编辑工作，使先前编辑过的对象回到原来的显示状态。

➢　【删除所有编辑】：用于删除所选视图先前进行的所有编辑操作，所有对象全部回到原来的显示状态。选择该选项，系统会弹出一确认信息提示框，用于确认是否删除所有编辑工作。

3)【转换相依性】：用于设置对象在视图与模型之间进行转换。

➢　【模型转换到视图】：用于将模型中存在的单独对象转换到视图中。

➢　【视图转换到模型】：用于将视图中存在的单独对象转换到模型中。

10.4.8　显示与更新视图

1) 视图的显示：执行【菜单】→【视图】→【显示图纸页】命令，系统会在对象的三维模型与二维工程图纸间进行转换。

2) 视图的更新：执行【菜单】→【编辑】→【视图】→【更新】命令，或者选择【主页】→【视图】→【更新视图】选项，弹出如图 10-28 所示的对话框。该对话框中部分选项的功能如下所述。

1)【显示图纸中的所有视图】：用于控制在列表框中是否列出所有的视图，并自动选择所有过期视图。勾选该复选框之后，系统会自动在列表框中选择所有过期视图，否则，需要用户自己更新过期视图。

2)【选择所有过时视图】：用于选择工程图中的过期视图。

3)【选择所有过时自动更新视图】：用于自动选择工程图中的过期视图。

图 10-28 【更新视图】对话框

10.5 标注与符号

为了表达零件的几何尺寸，需要引入各种投影视图；为了表达工程图的尺寸和公差信息，必须进行工程图的标注。

10.5.1 尺寸标注

UG NX 12.0 标注的尺寸是与实体模型匹配的，与工程图的比例无关。在工程图中进行标注的尺寸是直接引用三维模型的真实尺寸，如果改动了零件中某个尺寸参数，工程图中的标注尺寸也会自动更新。

执行【菜单】→【插入】→【尺寸】命令，如图 10-29 所示。或者选择【主页】→【尺寸】组中的某一图标，系统会弹出各自的尺寸标注对话框，如图 10-30 所示。各种尺寸标注方式如下（若尺寸标注中无所需标注尺寸，可在相近尺寸标注中选择测量方法和尺寸集）。

图 10-29 【尺寸】子菜单

图 10-30 【尺寸】组

1)【快速】 可用单个命令和一组基本选择项从一组常规、好用的尺寸类型快速创建不同的尺寸。以下为【快速尺寸】对话框中的各种测量方法。

> ➤ 　【自动判断】 ⊢⊣：由系统自动判断选用哪种尺寸标注类型来进行尺寸标注。
> ➤ 　【圆柱式】 ⬛：用来标注工程图中所选圆柱对象之间的尺寸，如图 10-31 所示。
> ➤ 　【直径】 ⬧：用来标注工程图中所选圆或圆弧的直径尺寸，如图 10-32 所示。

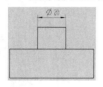
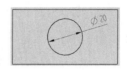

图 10-31 【圆柱式】尺寸标注　　　图 10-32 【直径】尺寸标注

> ➤ 　【水平】 ⬓：用来标注工程图中所选对象间的水平尺寸，如图 10-33 所示。
> ➤ 　【竖直】 ⬓：用来标注工程图中所选对象间的竖直尺寸，如图 10-34 所示。

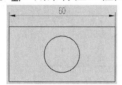
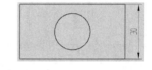

图 10-33 【水平】尺寸标准　　　图 10-34 【竖直】尺寸标注

> ➤ 　【点到点】 ⬧：用来标注工程图中所选对象间的平行尺寸，如图 10-35 所示。
> ➤ 　【垂直】 ⬧：用来标注工程图中所选点到直线（或中心线）的垂直尺寸，如图 10-36 所示。

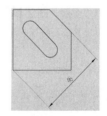

图 10-35 【点到点】尺寸标注　　　图 10-36 【垂直】尺寸标注

2）【倒斜角】 ⬧：用于标注对应国标的 45°倒角的标注。目前不支持对于其他角度倒角的标注，如图 10-37 所示。

3）【线性】 ⬓：可将六种不同线性尺寸中的一种创建为独立尺寸，或者创建为一组链尺寸或基线尺寸。可以创建以下尺寸类型，其中水平、竖直、点到点、垂直、圆柱式与上述【快速尺寸】对话框中的一致。

> ➤ 　【孔】 ⬧：用来标注工程图中所选孔特征的尺寸，如图 10-38 所示。

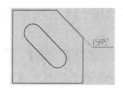

图 10-37 【倒斜角】尺寸标注　　　图 10-38 【孔】尺寸标注

> 【链】凸凸：用来在工程图上创建一个水平方向（XC 方向）或竖直方向（YC 方向）的尺寸链，即创建一系列首尾相连的水平/竖直尺寸，如图 10-39 所示（注：在【测量方法】中选择【水平】或【竖直】，即可在【尺寸集】中选择【链】）。

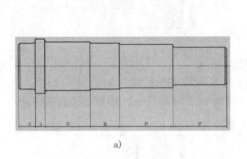
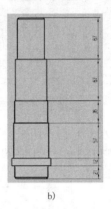

图 10-39　【链】尺寸标注

a）水平链　　b）竖直链

> 【基线】凹凹：用来在工程图上创建一个水平方向（XC 方向）或竖直方向（YC 方向）的尺寸系列，该尺寸系列分享同一条水平或竖直基线，如图 10-40 所示（注：在【测量方法】中选择【水平】或【竖直】，即可在【尺寸集】中选择【基线】）。

4）【角度】⊿：用于标注工程图中所选两直线之间的角度。

5）【径向】⟋：用于创建以下几种不同的径向尺寸类型中的一种

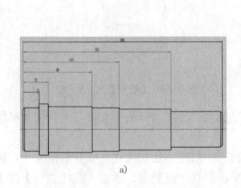
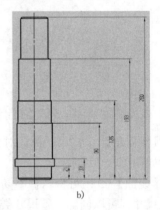

图 10-40　【基线】尺寸标注

a）水平基线　b）竖直基线

> 【径向】⟋：用于标注工程图中所选圆或圆弧的半径尺寸，但标注不过圆心，如图 10-41 所示。

> 【过圆心的半径】⟋：此项可在拖动尺寸时，右击，选择【编辑】，然后单击文本（即尺寸数字）进行设置，用于标注工程图中所选圆或圆弧的半径尺寸，但标注过圆心，如图 10-42 所示。

图 10-41　【径向】尺寸标注　　　　　　　　图 10-42　【过圆心的半径】尺寸标注

> 【带折线的半径】 ：此项可在拖动尺寸时，右击，选择【编辑】，然后单击文本（即尺寸数字）进行设置，用于标注工程图中所选大圆弧的半径尺寸，并用折线来缩短尺寸线的长度，如图 10-43 所示。

6）【厚度】 ：用于标注工程图中所选两不同半径的同心圆弧之间的距离尺寸，如图 10-44 所示。

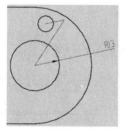
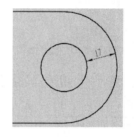

图 10-43　【带折线的半径】尺寸标注　　　　图 10-44　【厚度】尺寸标注

7）【弧长】 ：用于标注工程图中所选圆弧的弧长尺寸，如图 10-45 所示。

8）【坐标】 ：用于在标注工程图中定义一个原点的位置，作为一个距离的参考点位置，进而可以明确地给出所选对象的水平或垂直坐标距离，如图 10-46 所示。

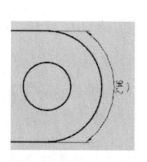
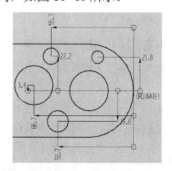

图 10-45　【弧长】尺寸标注　　　　　　　　图 10-46　【坐标】尺寸标注

9）在放置尺寸值的同时，系统会弹出图 10-47 所示的浮动编辑栏（也可以单击每一个标注按钮，在拖放尺寸标注时，单击右键，选择【编辑】选项，弹出此浮动编辑栏），其功能如下所述。

> 【设置】 ：单击该按钮，弹出如图 10-48 所示的对话框。在其中可以设置详细的尺寸类型，包括尺寸的位置、精度、公差、线条以及箭头、文字和单位等。

> 【精度】 ：该选项用于设置尺寸标注的精度值，可以使用其下拉列表中的选项进行详细设置。

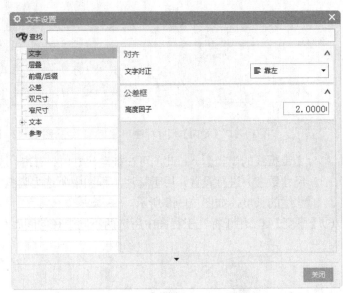

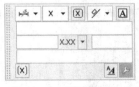

图 10-47　浮动编辑栏　　　　　　　　　　图 10-48　【文本设置】对话框

➢ 　【公差】 x ▾ ：用于设置各种需要的公差类型，可以使用其下拉列表中的选项进行详细设置。

➢ 　【编辑附加文本】Ⓐ：单击该按钮，弹出如图 10-49 所示的对话框。其中部分选项的功能如下所述。

① 【选择字体】 chinesef_fs ▾ ：用于选择合适的字体。

② 【类别】：用于选择附加文本符号的类别，其下拉列表中包括以下几个选项。

● 【制图】：选择该选项，【符号】列表框中主要选项的功能如下所述。

【插入埋头孔】 ∨ ：用于创建埋头孔符号。

【插入沉头孔】 ⊔ ：用于创建沉头孔符号。

【插入孔口平面】 [SF] ：用于创建孔口平面符号。

【插入深度】 ↧ ：用于创建深度符号。

【插入锥度】 ⊳ ：用于创建圆锥锥度符号。

【插入斜度】 ◿ ：用于在具有斜坡的图形中创建斜度符号。

【插入方形】 □ ：用于给长宽相等的图形创建正四边形符号。

【两者之间插入】 ↔ ：用于创建间隙符号。

【插入+/-】 ± ：用于创建正负号。

【插入读数】 x° ：用于创建角度符号。

【插入弧长】 ⌒ ：用于创建弧长符号。

【插入左括号】 (：用于创建左括号。

【插入右括号】) ：用于创建右括号。

【插入直径】 φ ：用于创建直径符号。

图 10-49　【附加文本】对话框

【插入球径】 $s\phi$ ：用于创建球体直径符号。

- 【1/2 分数】：选择该选项，【符号】列表框中主要选项的功能如下所述
【2/3 高度】：以所输入的尺寸值的 2/3 大小来创建标注。
【3/4 高度】：以所输入的尺寸值的 3/4 大小来创建标注。
【全高】：以所输入的尺寸值同样大小来创建标注。
【两行文本】：所创建的标注为两行。

- 【几何公差】：选择该选项，【符号】列表框中主要选项的功能如下所述。
【插入单特征控制框】：单击该按钮，开始编辑单框几何公差。
【插入直线度】 — ：用于创建直线度符号。
【插入平面度】 □ ：用于创建平面度符号。
【插入圆度】 ○ ：用于创建圆弧度符号。
【插入圆柱度】：用于创建圆柱度符号。
【插入线轮廓度】 ⌒ ：用于创建自由弧线的轮廓符号。
【插入面轮廓度】 ⌒ ：用于创建自由曲面的轮廓符号。
【插入倾斜度】 ∠ ：用于创建倾斜度符号。
【插入垂直度】 ⊥ ：用于创建垂直度符号。
【插入复合特征控制框】：在一个框架内创建另一个框架，即组合框。
【插入平行度】 // ：用于创建平行度符号。
【刀片位置】 ⊕ ：用于创建零件的点、线及面的位置符号。
【插入同轴度】 ◎ ：向具有中心的圆形对象创建同心度符号。
【插入对称度】 = ：以中心线、中心面或中心轴为基准创建对称符号。
【插入圆跳动】 ↗ ：用于创建圆跳动符号。
【插入全跳动】：用于创建全跳动符号。
【插入直径】 ϕ ：用于创建直径符号。
【插入球径】 $s\phi$ ：用于创建球体直径符号。
【插入最大实体状态】 Ⓜ ：用于创建实际最大尺寸符号。
【插入最小实体状态】 Ⓛ ：用于创建实际最小尺寸符号。
【插入独立性】 ① ：用于创建垂直分隔符。
【插入时不考虑特征大小】 Ⓢ ：用于创建不考虑特征大小符号。
【插入投影公差带】 Ⓟ ：用于创建延伸公差带符号。
【插入切线】 Ⓣ ：用于创建 ASME 1994 相切平面修饰符号。
【插入自由状态】 Ⓕ ：用于创建 ASME 1994/ISO 1995 自由状态修饰符号
【插入包络】 Ⓔ ：用于创建 ISO 1995 相切平面修饰符号
【开始下一个框】：用于开始编辑另一个几何公差。
【插入基准 A/B/C/D/E/F】 Ⓐ Ⓑ Ⓒ Ⓓ Ⓔ Ⓕ ：用于创建 A/B/C/D/E/F 基准符号。

- 【用户定义】（见图 10-50）：如果用户已经定义好了自己的符号库，可以通过指定相应的符号库来加载它们，同时还可以设置符号的比例和投影。

- 【关系】类别如图 10-51 所示。用户可以将对象的表达式、对象属性、部件属性标注出来，并实现关联。

图 10-50 【用户定义】类别

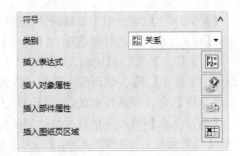

图 10-51 【关系】类别

10.5.2　注释编辑器

执行【菜单】→【插入】→【注释】→【注释】命令，弹出如图 10-52 所示的对话框。下面介绍对话框中各个选项的用法。

1)【清除】：清除所有输入的文字。

2)【剪切】：剪切选择的文字。

3)【删除文本属性】：删除字型为斜体或粗体的属性。

4)【选择下一个符号】：注释编辑器输入的符号来移动光标。

5)【上标】：在文字上标添加内容

6)【下标】：在文字下标添加内容。

7)【选择字体】 chinesef_fs ：用于选择合适的字体。

10.5.3　符号标注

执行【菜单】→【插入】→【注释】→【符号标注】命令，或者选择【主页】→【注释】→【符号标注】选项，弹出如图 10-53 所示的对话框。

利用【符号标注】对话框，可以创建工程图中的各种表示各部件的编号及页码标识等 ID 符号，还可以设置符号的大小、类型、放置位置。

在该对话框的【类型】下拉列表中，系统提供了多种符号类型供用户选择，每种符号类型都有配合该符号的文本选项，在标识符号中放置文本内容。如果选择了【上下型】的标识符号类型，可以在【上部文本】和【下部文本】中输入两行文本的内容；如果选择的是【独立型】ID 符号，则只能在【文本】中输入文本内容。

图 10-52 【注释】对话框

图 10-53　【符号标注】对话框

10.6　综合实例——法兰盘工程图

10.6.1　创建工程图

执行【菜单】→【文件】→【新建】命令，弹出【新建】对话框。在【图纸】选项卡中选择【A3-无视图】模板。在【要创建图纸的部件】栏中单击【打开】按钮，弹出【选择主模型部件】对话框。单击【打开】按钮，弹出【部件名】对话框。选择打开随书电子资料：yuanwenjian\10\gongchengtu.prt，打开的零件如图 10-54 所示。单击【确定】按钮，进入制图环境。

执行【菜单】→【插入】→【视图】→【基本】命令，弹出【基本视图】对话框，如图 10-55所示。单击【定向视图工具】按钮 🔄，弹出【定向视图工具】对话框。指定【法向】矢量为 ZC轴，指定【X 向】矢量为-YC 轴，如图 10-56 所示。在【基本视图】对话框中将缩放【比例】设置为 1：2，单击【确定】按钮，将视图放置到适当位置，创建如图 10-57 所示的俯视图。

图 10-55　【基本视图】对话框

图 10-54　gongchengtu.prt 零件

图 10-56　【定向视图工具】对话框

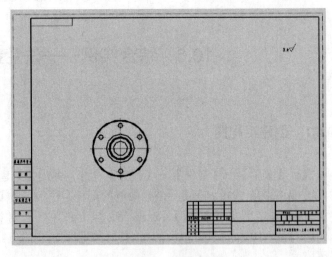

图 10-57　创建俯视图

10.6.2　创建视图

1）执行【菜单】→【插入】→【视图】→【基本】命令，或者选择【主页】→【视图】→

【基本视图】选项 📑，将缩放【比例】设置为 1∶2，在工程图中添加【前视图】和【正等测视图】。

2）执行【菜单】→【插入】→【视图】→【剖视图】命令，或者选择【主页】→【视图】→【剖视图】选项 🔲，创建前视图的剖视图，如图 10-58 所示。

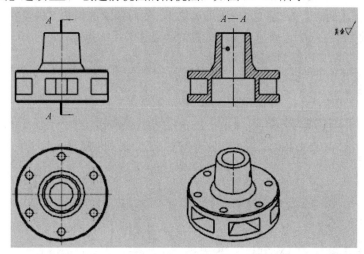

图 10-58　创建剖视图

10.6.3　标注尺寸

1）标注基本尺寸：选择【主页】→【尺寸】→【径向】选项 ⌐，标注轴测图顶部圆直径。选择尺寸后按鼠标右键，在弹出的浮动编辑栏中选择【设置】选项 A，对显示的尺寸数值大小进行设置，将【高度】设置为 6，单击【关闭】按钮，如图 10-59 所示。

图 10-59　尺寸大小设置

　　2）标注轴测图顶部圆尺寸。同理，选择【主页】→【尺寸】→【线性】，在【线性尺寸】对话框的【测量方法】中选择【圆柱式】选项∭，进行前视图的底部圆柱标注；然后在【测量方法】中选择【竖直】选项I，标注零件的高度值。

　　3）选择【主页】→【尺寸】→【角度】选项∠1，标注相邻孔分布的角度值。在【指定第一个矢量】中选择【两点】方式↗，先选择对象 1，然后依次选择角度矢量的起点和矢量终点 1，接着选择对象 2，再依次选择另一角度矢量的起点和矢量终点 2，如图 10-60 所示。

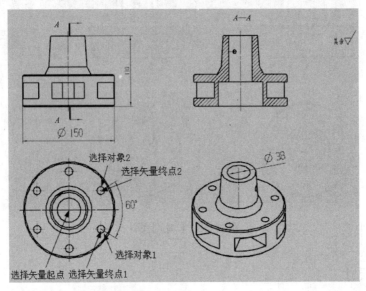

图 10-60　标注相邻孔分布的角度值

　　实验 1　打开随书电子资料：yuanwenjian\10\exercise\book_10_01.prt，创建该零件，的基本视图，如图 10-61 所示。

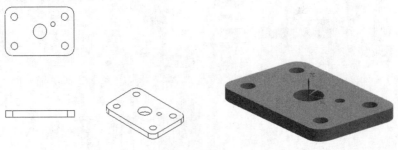

图 10-61　实验 1

操作提示:

1）执行【菜单】→【插入】→【视图】→【基本】命令，创建基本视图。

2）执行【菜单】→【插入】→【视图】→【投影】命令，创建辅助视图。

实验 2　打开随书电子资料：yuanwenjian\chapter_10\exercise\book_10_02.prt，标注零件如图 10-62 所示。

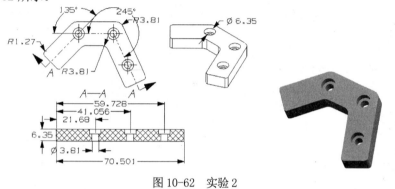

图 10-62　实验 2

操作提示:

1）设置剖视图式样。

2）设置剖面线式样。

3）标注操作详见 10.5.1 节，并设置好尺寸式样。

1．如何设置工程图参数的首选项，从而定制自己的制图环境？

2．对于创建立体挖剖视图，UG NX 12.0 中提供了哪几种命令可以实现这类效果，具体又是怎样实现的？